鹿児島大学島嶼研ブックレット

8

TOUSHOKEN BOOKLET

近世トカラの物資流通

―陶磁器考古学からのアプローチ―

渡辺　芳郎 著
WATANABE Yoshiro

●目次●

近世トカラの物資流通
―陶磁器考古学からのアプローチ―

Distribution in Tokara Islands of the Early Modern Period
: Ceramic Archaeological Approach

WATANABE　Yoshiro

Ⅰ　はじめに

二〇一三年八月一〇日、私は学生二名とともに調査のためトカラ列島の一つ悪石島の港に降り立ちました。接岸したフェリーからはコンテナがおろされ、フォークリフトで港の事務所の方へと運ばれていきます。コンテナが開けられると、島の人たちが集まり、本土に注文していた品物なのでしょう、コンテナに入っていた荷物を手に手に持って去っていきます。そんな光景を、民宿の方が自動車で迎えに来てくれるまで、私たちは事務所脇で眺めていました（図1）。

トカラの島々には空港はなく、鹿児島を発ち、トカラの島々に寄港して奄美へと航行するフェリーとしまが週二往復（季節によって臨時便があります）人と物資を運んでいます（図2）。十島村に定期航路が開か

図1　コンテナから荷物を受け取る人々（悪石島港）

れたのは昭和八年（一九三三）。現在、中之島には「汽船も亦道路なり」と刻まれた、同年の就航を顕彰する石碑が建てられています（図3）。トカラの人々にとって船は「道」であり、ライフラインなのです。島はけっして孤立しているわけではありません。「海の道」を通じて広く外部とアクセスし、そのアクセスによって島の生活は成り立っています。悪石島の港で私たちが見た、船が着き荷物が降ろされ、島の人々がそれらを集落に運んでいく光景は悪石島だけではなく、トカラの各港でも見られますが、それとともに、規模や内容こそ違え、古い

図2　フェリーとしま

図3「汽船も亦道路なり」石碑（中之島）

時代から繰り返されてきた光景なのではないでしょうか。それでは過去のトカラの人々はどのような船で、どのようなモノを求め、入手し、生活を送っていたのでしょうか。

私は二〇一一年以来、トカラの島々で、主として近世（江戸時代）の考古学資料を対象に分布調査や発掘調査を実施してきました。本書では、これまでの考古学的な調査の成果を元にしながら、近世トカラにおける物資流通の様相を考えてみたいと思います。

Ⅱ　トカラの自然と歴史の概要

本書では近世、つまり一七世紀から一九世紀にかけてのトカラの物資流通を扱いますが、その前に舞台となるトカラの自然環境と歴史の概要について触れておきます。

1　自然

トカラ列島は、九州島の南方、大隅諸島（種子島・屋久島など）と奄美大島の間の海域に浮かぶ有人島と無人島、計一二島よりなります（図4）。北から口之島・臥蛇島・小臥蛇島・中之島・平島・諏訪之瀬島・悪石島・小宝小島・小宝島・宝島・上根島・横当島の順に並び、最北端の口

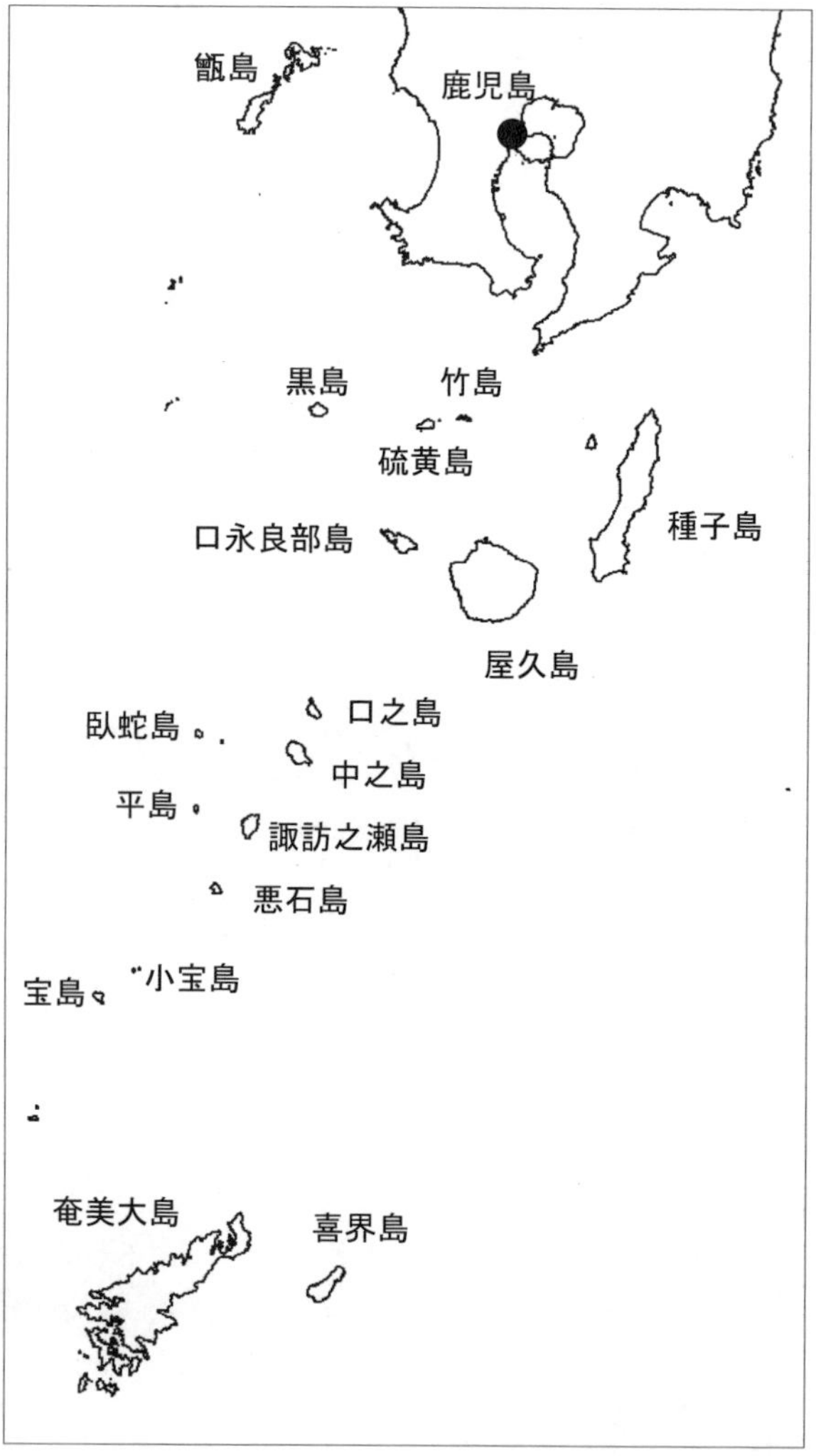

図4　トカラ列島地図

之島は北緯三〇度、最南端の横当島は北緯二九度、その間は約一六〇kmの距離があります。現在の行政区画では鹿児島県鹿児島郡十島村に所属します。人が住む有人島は口之島・中之島・平島・諏訪之瀬島・悪石島・小宝島・宝島の七島で、それ以外の五島は無人島です。ただし臥蛇島は、一九七〇年に全島民が離島するまで有人島でした。

トカラの島々はいずれも火山起源の島で、霧島・屋久火山帯に属しています。宝島・小宝島は中新世（約二三〇〇万年前〜五〇〇万年前）の基盤層の上に後期更新世（約一二万六〇〇〇年前〜一万一七〇〇年前）の石灰岩がのり、周囲には隆起珊瑚礁が形成されています。一方、そのほかの有人島は、中期更新世（約七八万一〇〇〇年〜一二万六〇〇〇年前）から後期更新世、さらに現在にかけての火山活動によって形成されたと考えられ、諏訪之瀬島や中之島では現在も活発な活動が見られます。あとでも触れますが、諏訪之瀬島の御岳火山は、江戸時代の文化一〇年（一八一三）に大噴火し、全島民が離島しました。

気候的にトカラ列島は亜熱帯と温帯の交差地域にあたります。中之島の一月の平均気温は一二℃で、鹿児島の三月中旬にあたります。また年平均気温も二〇℃で鹿児島より約四℃高く、七〜九月の平均気温は奄美大島の名瀬とほぼ同じです。梅雨の時期の降水量は奄美より多く、高温多湿の気候は植物の繁茂を促しています。気候の違いから、動植物の分布においても南北で違いが認められ、トカラを棲息域の南限とする動植物がいる一方、トカラを北限とするものもいます。その中でも動物相の境界を「渡瀬線」と呼びます。動物学者の渡瀬庄三郎氏が一九一二年に発見、命名しました。

また台湾と石垣島の間を抜けた黒潮は、奄美やトカラの西側を北上し、大隅諸島と口之島の間であるトカラ海峡を通って、日本列島の東側、太平洋側をさらに北上していきます。つまり鹿児島本土と奄美、沖縄との間を船で渡るためには黒潮を横断せねばならず、そのためこの一帯は「七島灘」と呼ばれる難所になっています。この七島灘を越えるための高度な航行の知識と技術こそが、トカラの人々に求められたものでした。その結果、トカラの人々は鹿児島と奄美、沖縄を結ぶ海運の重要な担い手として活躍しました。

2 歴史

トカラ列島における人間の居住は、宝島宮坂貝塚や中之島タチバナ遺跡など、縄文時代においてすでに認められます。また宝島大池遺跡では縄文晩期～弥生前期、弥生後期～終末期の遺構・遺物が確認されています。近年では、新里貴之氏が中之島で地主神社の敷地内を発掘調査し、弥生時代中期～終末期の土器や黒曜石、平安時代の土師器・須恵器、中国産青磁の出土が報告されています。

一方、文献史料では、八世紀の『日本書紀』に「吐火羅」などの語句が見られ、また『続日本紀』の文武三年（六九九）に「度感人《とかむ》」と出てきます。これらは今のところ、トカラ列島を指すものではないとされ、古代におけるトカラは「南島」という名で一括され、少なくとも中央の人々には個別的に認識されてはいなかったようです。

中世になると、嘉禄三年（一二二七）に島津氏が「十二嶋」の地頭職となっており、「十二嶋」には口之島・中之島・平島・諏訪之瀬島・悪石島・臥蛇島・度賀羅（宝）島が含まれています。またトカラ列島を含む海域は、東・東南アジア各地を結ぶ貿易船が行き交うようになります。一四四三年（朝鮮では世宗二五年、日本では嘉吉三年）、朝鮮王朝の使節（通信使）として来日した申叔舟は、帰国後に『海東諸国記』（一四七一年）という書物を著しています。その中の「海東諸国総図」には「口島」「中嶋」「悪石」「臥蛇島」「小臥蛇島」「多伊羅」（平島）「渡賀羅」（宝島）などトカラの島名が記載されており、朝鮮王朝においてもその存在が認識されていたことを示しています（図５）。さらに一六世紀後半〜一七世紀初頭、島根県石見銀山に産する銀が南九州〜琉球〜福建を結ぶ航路で運ばれ、その中でトカラの「七島衆」は独自の交易集団として急成長したと考えられています。一七世紀初頭の記録から「七島衆」は日明貿易（明：中国の王朝、一三六八－一六四四年）に深く関わり、大きな利益を上げていたことが知られています。この頃の貿易活動を示す陶磁器資料として、各島に伝来する中国陶磁器、諏訪之瀬島切石遺跡出土の中国・ベトナム陶磁器、平島で採集された徳之島産のカムィヤキなどがあります。また悪石島において一五世紀代の山川石（鹿児島県指宿市山川近辺で産出する石材）製の宝篋印塔《ほうきょういんとう》が確認されています。

慶長一四年（一六〇九）、島津氏は、それまで独立王国であった琉球に侵攻します。その後、奄美諸島までが薩摩藩の直轄地となり、琉球王府は存続するものの藩の強い政治的影響力を受けるようになります。現在の鹿児島県と沖縄県の県境は、このときの薩摩藩の支配領域を元にしています。トカラも藩の船奉行の支配となり、口之島・中之島・宝島に在番所が置かれ、藩から役人が派遣されました。島には郡司・横目（一名）・名頭の島役人がおり、さらにその下に名子や下人など一般の島民がいました。「七島衆」は鹿児島と奄美・沖縄をつなぐ海運の担い手としての役割を果たしました。

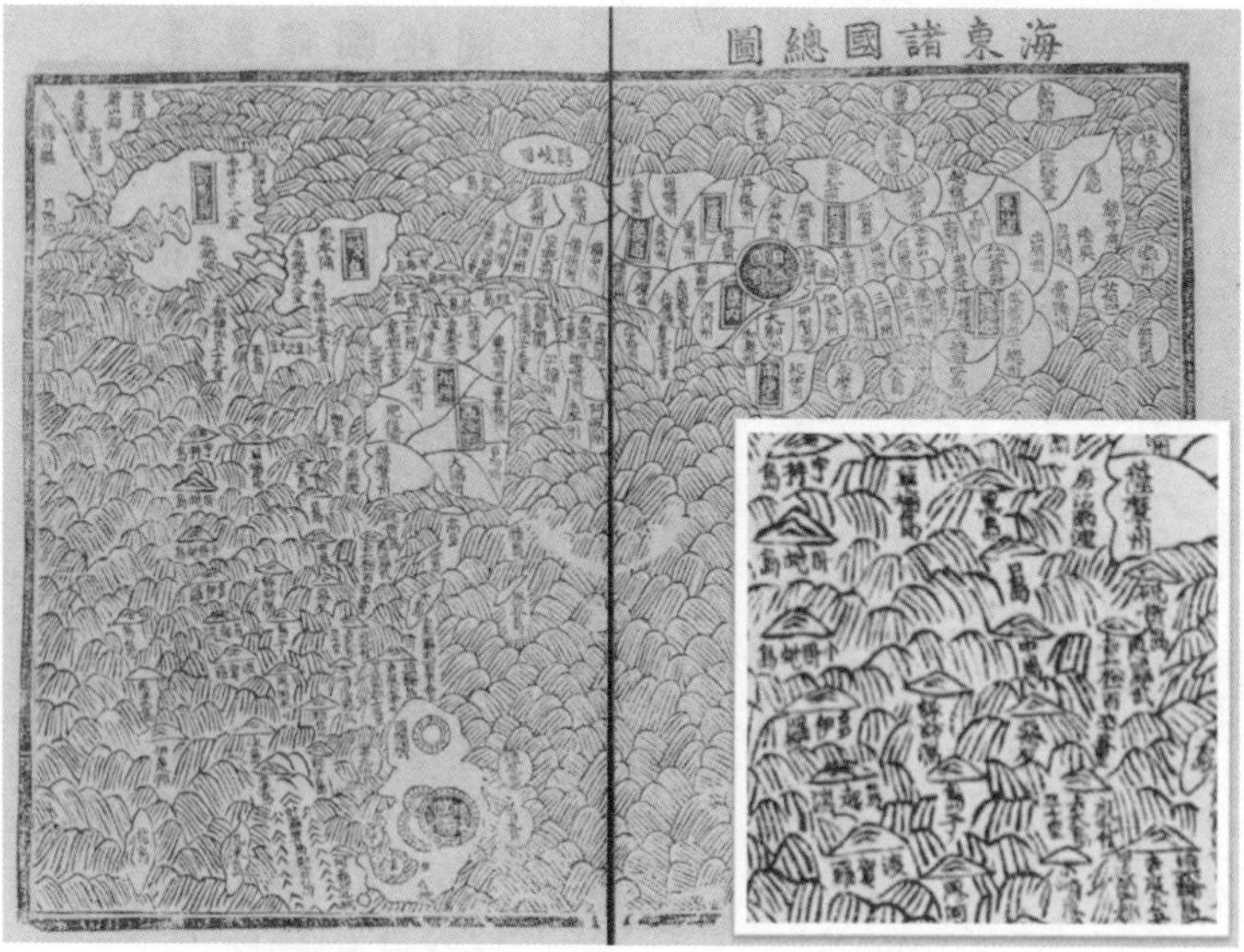

図５　『海東諸国記』「海東諸国総図」
（国立国会図書館デジタルアーカイブより）

宝永六年（一七〇九）の記録では、当時の薩摩藩にある「大船」二三〇艘のうち「七島船」が四〇艘（約一六％）を占めています。一八世紀初頭の『元禄国絵図』「薩摩国」「大隅国」によれば、島々が複数の航路で結ばれていることがわかります（図6）。ただ同絵図は幕府に提出したものなので、描かれた航路は藩の公的なそれであったと考えられ、それ以外の民間での

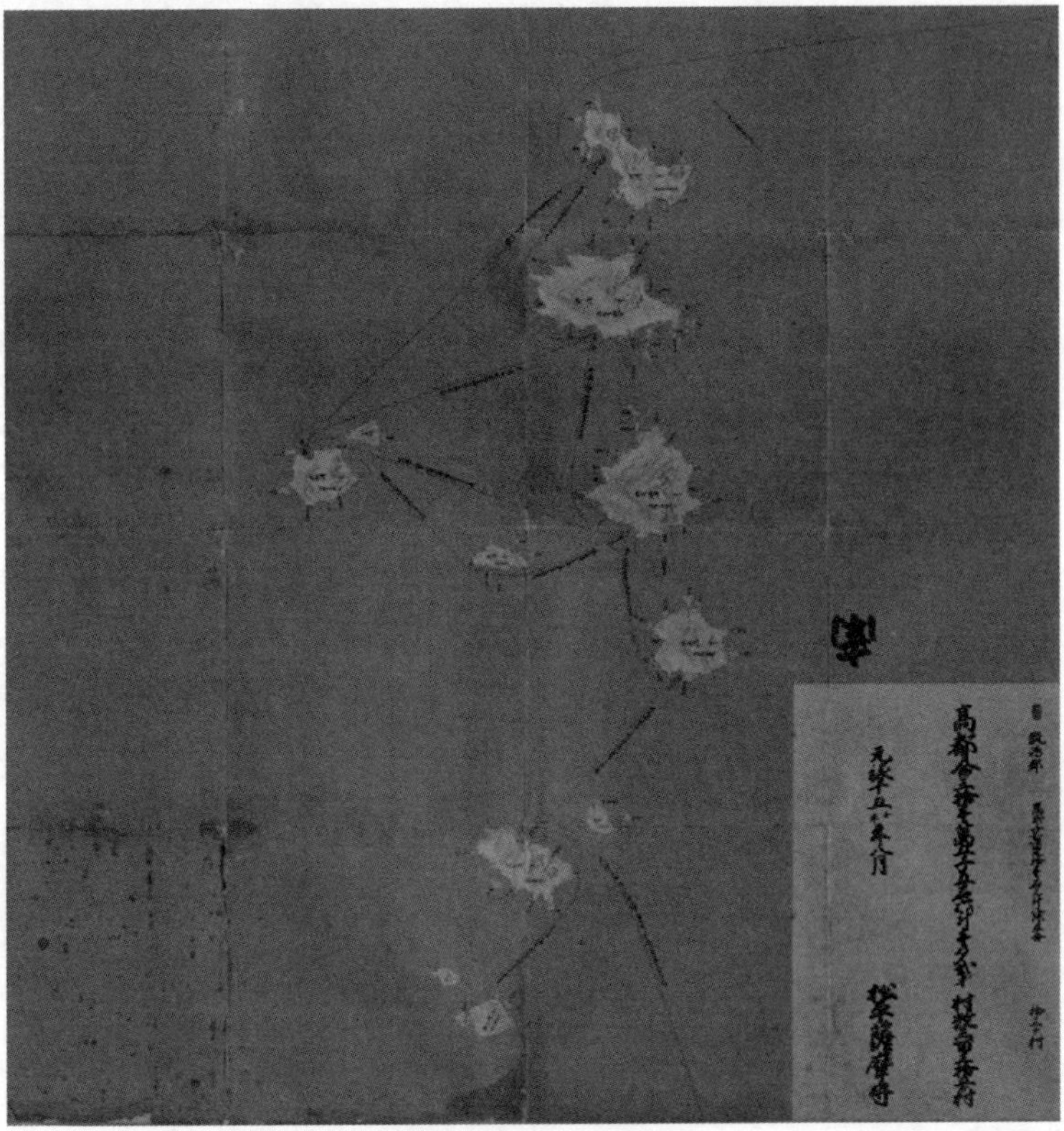

図6　『元禄国絵図』「薩摩国」のトカラ
（国立公文書館デジタルアーカイブより）

多様な往来もあったと想像されます。またトカラで取れた鰹で作られた「七島鰹節」は、藩に年貢として上納されるとともに、毎年「寒中」（旧暦の一二月頃）に幕府へ献上されました。

明治以後、現在の三島村と十島村があわせて川辺郡十島とされ、明治三〇年（一八九七）に大島郡に編入されました。大正九年（一九二〇）に正式に「十島村《じっとうそん》」となります。昭和二〇年（一九四五）、太平洋戦争が終結すると、現在の十島村がアメリカの軍政下に置かれ、三島村と分離されます。同二七年（一九五二）に本土復帰しますが、三島村とは分離したまま十島村《としまむら》となり、同四八年（一九七三）に大島郡から鹿児島郡に変更され、現在に至っています。

Ⅲ　陶磁器考古学からわかること

近世トカラにおける物資流通を考えるためには、古文書などを手がかりとした文献史学的なアプローチや、島々に残る民俗や習慣を奄美・沖縄・日本本土などと比較する民俗学的アプローチなどいくつかありますが、本書で用いるのは、陶磁器を主として扱う考古学、陶磁器考古学的アプローチです。本章では、まず「考古学とは何か」「陶磁器とは何か」という、本書の内容を理解する上で前提となる知識について整理します。

1　考古学とは何か

「考古学」と聞いて、皆さんはどのようなイメージを持たれるでしょうか？　おそらく多くの方々が、縄文時代や弥生時代、古墳時代といった今から一〇〇〇年以上も前の文字のない時代の遺跡を発掘調査し、そこで見つかった土器や石器などから過去の人々の生活や社会を推測、復元していく学問だと考えておられると思います。たしかに考古学は、過去に人間が作ったモノ（遺物）や大地に残したさまざまな痕跡（遺構）を手がかりに歴史を考える学問ですので、その本領が発揮されるのは、人間がまだ文字を残すことのなかった太古の時代（先史時代）であると言えます。

それでは「考古学」とは何でしょうか？　その定義は、研究者によってそれぞれ考えがあることから、なかなか難しいのですが、現在の日本において最大公約数的に受けいれられているのは、「人類が残した物質資料（遺物や遺構など）を元にして、過去の人類の歴史・社会・文化を研究する学問」という定義です。この定義には時代や地域による制限がないことに注意してください。考古学は遺物や遺構を手がかりとして研究をしますが、このような遺物や遺物は、けっして先史時代だけのものではありません。現在の私たちが、たとえば家に住み、さまざまな道具を使い生活していること、そしてそれらが廃棄されたり、取り壊されたりすることを思い浮かべればわかると思います。人類は、文字を残すようになったあとも、さまざまな建物や道具などを使って生きてきました。そしてそれらが捨てられ、土の中に埋もれれば、立派な（?）考古学資料となるのです。つまり考古学が対象とするのは、文字のない時代・地域だけはなく、人類の全歴史であり、比喩的に言えば、「人類の出現から「昨日」まで」なのです。

なお補足しておくと、恐竜は考古学の研究対象ではありません。人類が地球上に登場したのは今から約四〇〇万年前（直立二足歩行の始まり）と考えられていますが、恐竜は約六五〇〇万年前に絶滅していますので、地球上で人類と恐竜が共存したことはありません。考古学が対象とするのはあくまで「人類の歴史」です。ちなみに恐竜は古生物学の研究対象です。

ただ文字記録があれば、わざわざ遺物や遺構を使わなくても、歴史はわかるのではないか、と思われる方もおられるでしょう。私たちは現在、さまざまな形で記録を残すことができます。文字記録だけでなく、デジタル技術の発達にともなって画像や動画などの記録も簡便にできるようになりました。しかしいくら記録技術が発達しても、「すべて」を残すことはできません。また記録する側も、つねに「残すこと」を選択しています。逆に言えば「残さないこと」も同時に選択します。たとえば皆さんが日記（アナログでもデジタルでも）をつけているとしても、自分の一日の行動をすべて記録するでしょうか？　とくに毎日繰り返すような日常的なルーティンを事細かに書く人は滅多にいないのではないでしょうか？　記録されやすいのは、むしろ普段とは違うこと、特別なこと、あるいは記録する人が関心や興味をもっていることではないでしょうか？日々くり返される「あたりまえ」のことは記録に残しにくい、残りにくいという性格があります。

一方で、私たちが今「あたりまえ」と思っていることが、過去においても「あたりまえ」であるとは限りません。携帯電話やスマートフォンは、現在多くの人たちが所有しています（私も持っています）。総務省の調査では、平成二八年度のスマートフォンの普及率は五四・三％、それをのぞく携帯電話は一五・八％だそうで、両方使っている人もいるので単純には言えませんが、両者を足すと約七〇％です。世代による違いもありますから、若い方はほぼ全員が持っているのではないでしょうか？　しかしこのような状況は、言うまでもなくごく最近のことで、携帯電話の普及が始まるのは一九九〇年代からです。つまり三〇年もさかのぼれば、スマートフォンはおろか携帯電話でさえ持っていない人が大多数でした。今の「あたりまえ」は昔の「あたりまえ」ではありません。そしてその昔の「あたりまえ」もまた記録されにくいという特性を持っている点では同じです。さらに言えば、文字を読み書きできる人は時代をさかのぼればさかのぼるほど、少なくなります。つまり文字記録に残された「過去」は、過去のほんの一部なのです。考古学資料はその欠落を、すべてではないにしろ埋めることができる素材の一つなのです。

ただし考古学資料は、長年土中に埋まって腐らずに消滅しなかったものに限られる、つまり過去の人々が使っていたすべてのものが残っているわけではない、という限界もあります。その中で、陶磁器はきわめて残りやすいという性質を持っています。

2　陶磁器とは何か

皆さんは子どもの頃に泥や油粘土をこねて遊んだことがあるかと思います。軟らかい粘土を自由に形作り、それをしばらく放っておくと乾燥して硬くなります。しかしそれらをもう一度水につけると、もとの粘土の塊に戻ってしまいます。一方、普段使っているお茶碗やお皿も粘土などで作られていますが、水で洗っても元の粘土の塊には戻りません。洗うたびに粘土に戻ったら大変です。では両者はどういう違いがあるのでしょうか。

それは「焼かれているかどうか」という点です。粘土は五〇〇℃以上に加熱すると、粘土を構成する粒子が化学変化を起こし、粒子同士が融着します。加熱する温度が高くなればなるほど、その融着の度合いは強まります。そうなると水につけても元のバラバラの粘土粒子には戻らず、焼かれたときの形態を保持します。それが「焼き物」です。

この焼き物は、使われている原料や焼成するときの温度、釉薬の有る無しなどで分類されます。分類の仕方は時代や地域によって異なりますが、日本では一般に「土器」「陶器」「炻器《せっき》」「磁器」の四種類に分類しています（図7）。釉薬とは、焼き物のうち陶器と磁器の表面をコーティングしているガラス質のもので、補強や装飾に用いられます。

日本では、今から約一万五〇〇〇年前頃に土器が出現します。それから一万年以上にわたって縄文土器や弥生土器、土師器《はじき》などの土器が作られ続けますが、それらは窯を用いない「野焼き」と呼ばれる方法で焼かれます。その後、紀元五世紀には朝鮮半島から窯で焼く技術が導入され、須恵器という一〇〇〇℃以上で焼かれた硬質な焼き物（炻器）が登場します。さらに九世紀頃から釉薬をかけた陶器の生産が始まります。一七世紀初頭、

	名称	土《ど》器《き》	陶《とう》器《き》	炻《せっ》器《き》	磁《じ》器《き》
製造条件	素地の原料	有色粘土	有色粘土	有色粘土	白色粘土+長石+珪石,陶石
	釉薬	なし	あり	なし又はあり	あり
	焼成温度	800℃前後	1000℃～1300℃	1200℃～1300℃	1300℃～1400℃
見分け方	素地の色	有色	有色	有色	白色
	素地の透光性	なし	なし	なし	あり
	素地の吸水性	あり	あり	なし	なし
	たたいた時の音	鈍い音	濁った音	かたい音	澄んだ金属音
見本					
具体的な例		縄文土器 弥生土器	唐津焼 薩摩焼	須恵器 備前焼	有田焼 波佐見焼

図7　土器・陶器・炻器・磁器の違い
（佐賀県立九州陶磁文化館『土と炎』より）

江戸時代になると肥前地方（現在の佐賀・長崎県）で磁器が焼かれるようになります。本書で扱う近世においては陶器と磁器が中心となります。そこで以下では「陶磁器」という名称を使います。

ところで陶磁器は物理的な衝撃には弱く、割れてしまう欠点があります。しかし物質としては安定しており、長いこと土中にあっても腐ったり、朽ちたりすることはありません。今で言う「燃やせないゴミ」です。そのため遺跡を発掘調査すると大量に出土します。もちろん昔の人々が陶磁器だけを使って生活していたわけではありませんが、彼らが使っていたであろう木製品や布製品、紙、金属製品の多くは、長いこと土中に埋まっているうちに朽ち果ててしまい、消滅してしまいます。つまり陶磁器は、もっとも大量に入手できる考古学資料なのです。また陶磁器は時代によってその形態や文様が変化し、時代ごとの特徴を示すことから、その生産された年代や出土した遺跡の年代を推定する上でも重要な手がかりとなります。

陶器や磁器は、それに適した原料の産出地が限られ、また製作する人々は、職人としての特殊技術が求められます。つまり生産地が限定されます。ですから遺跡から出土する陶磁器は、かつてその生産地から何らかの方法で運び込まれたと考えられ、生産地と出土地（最終消費地）との間には、交易・貿易活動があったことが推測できます。遺跡から出土する陶磁器の破片からは、過去の人々の生活のあり方とともに、その生活を成り立たせていた交易や貿易、コミュニケーションのネットワークの姿も見ることができます。
また陶磁器には非常に手をかけて作られた高級品と、簡略された技法あるいは機械で大量に生産された量産品があります。今でもブランドのある高級食器と、一〇〇円ショップで売っているマグカップがあるのと同じです。量産品は安価ですので、多くの人々が購入しますが、高級品の所有者は、政治的・社会的に身分の高い人や裕福な人に限定されます。ですから遺跡から出土する陶磁器のランクによって、そこに居住していた人々の政治・社会・経済的なポジションを推測することもできます。

さらに陶磁器には人々の価値観も反映されています。たとえば茶道で使われている茶碗や茶入などの茶道具は、その見た目はけっして華やかではありませんが、茶道をする人々にとっては高い価値が与えられています。一六世紀、日本に来たヨーロッパ人のキリスト教宣教師は、当時、大名や豪商が、そんな茶道具をとても大事にすることを不思議なこととして本国に報告しています。価値観は時代や地域によって異なります。過去の人々が何を大事にしていたか、つまり何に高い価値を与えていたかを知る上でも、陶磁器はしばしば利用されます。

以上のように、陶磁器は過去の社会や文化、経済のさまざまな側面を反映しています。そのさまざまな側面を復元するために、陶磁器を考古学資料、歴史資料として扱うのが「陶磁器考古学」

です。

本章の最後に、本書で取り上げる陶磁器や用語について代表的なものを解説します（図8）。

薩摩焼：薩摩焼は、豊臣秀吉の朝鮮出兵（一五九二〜九八年）の際に連れて来られた朝鮮陶工によって始まった焼き物です。基本的に甕や壺など生産する陶工たち（韓国では「甕匠《おんじょう》」といいます）と考えられますが、その後、肥前地方や瀬戸美濃地方（現愛知・岐阜県）、京都などの製陶技術を導入することで、多様な製品を生産するようになります。朝鮮陶工を淵源として、竪野《たての》系（鹿児島市）・苗代川《なえしろがわ》系（日置市美山）・龍門司《りゅうもんじ》系（姶良市加治木町）の三つの窯場が形成されます。竪野系窯場は薩摩藩が直接経営する藩窯で、主に藩主の生活や藩の公用で使う高級食器や茶道具を生産していました。苗代川系窯場では甕や壺、擂鉢など大型日用陶器や土瓶（茶家）を生産し、藩内に広く流通していました。また龍門司系窯場では碗や皿などの日用食器の陶器の生産を主としていました。このほか朝鮮系以外の製陶技術を基礎とする窯場も現れ、元立院《げんりゅういん》系（姶良市）や能野《よきの》焼（種子島西之表市）、また磁器を生産した平佐《ひらさ》系（薩摩川内市）などの窯場がありました。これら近世において各地で焼かれた製品を総称して「薩摩焼」としています。磁器は平佐以外でもいくつかの窯場で焼かれ、藩内で生産された磁器を「薩摩磁器」と総称します。なお龍門司系と元立院系はよく似た日用食器を生産し、区別のできないものもあることから、それらは

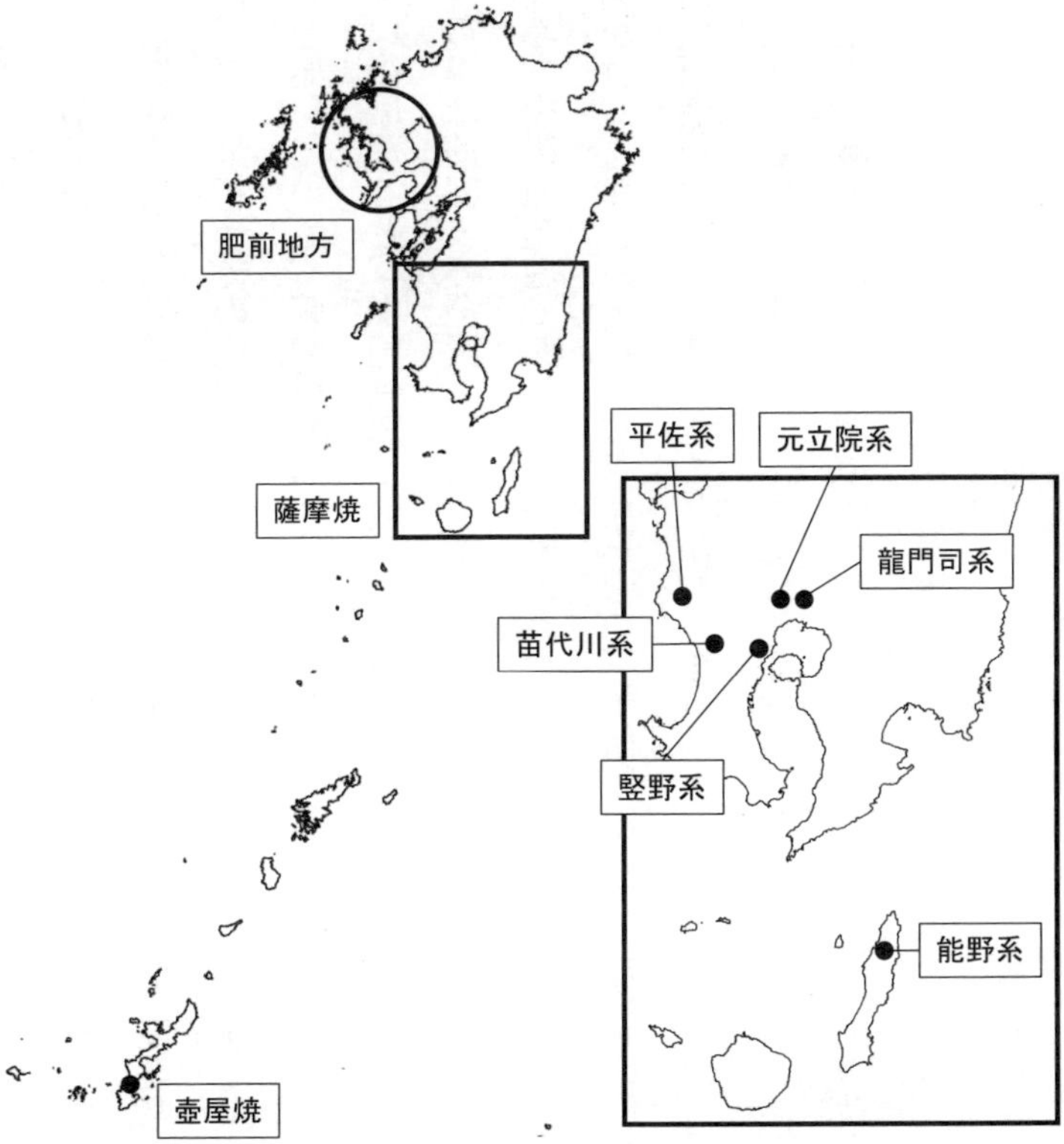

図８　近世九州・沖縄の窯場分布図

「加治木・始良系陶器」と呼びます。

肥前陶磁：肥前地方における陶器生産は一六世紀末頃、現在の佐賀県唐津市周辺で始まっていましたが（「唐津焼」と呼ばれます）、一七世紀初頭になると現在の佐賀県有田町や長崎県波佐見町を中心に、日本で初めての磁器生産が始まり、全国各地へと流通するようになります。これら磁器の生産を始めたのも、薩摩焼と同様に朝鮮陶工たちです。肥前地方で生産された磁器は、一七世紀後半以後になると、中国磁器に取って代わって日本の市場をほぼ独占するようになり、北は北海道から南は沖縄まで全国に流通します。しかし一八世紀後半以後、とくに一九世紀になると、肥前と並ぶ大規模窯業地である瀬戸美濃地方で磁器生産が始まり、また全国各地で中小規模な磁器窯が開かれ（先述したように薩摩藩でも）、肥前磁器の独占体制は崩れていきます。なお肥前の磁器は出荷港が伊万里であったことから、江戸や大坂などでは「伊万里焼」と呼ばれ、現在では「古伊万里」と呼ばれますが、本書では肥前陶器、肥前磁器という語を使います。

壺屋焼：近世沖縄で焼かれた陶器です。沖縄では一六世紀から中国の技術を導入した瓦質土器が焼かれていましたが、一七世紀初頭、薩摩焼苗代川の陶工が招致され、本格的に焼締め陶器が生産されるようになります。一七世紀後半、現在の那覇市壺屋に窯が築かれ、その後、施釉陶器などの生産も加えながら、壺屋焼として琉球国内はもとより日本へも流通しました。焼締め陶器は

「荒焼《あらやち》」と呼ばれ、壺や甕、擂鉢などの大型日用陶器が中心です。一方、施釉陶器は「上焼《じょうやち》」と呼ばれ、碗や皿、土瓶など小型の陶器が多いです。

中国磁器（明朝・清朝磁器）：中国の磁器生産は三世紀にはすでに始まり、その後、世界唯一の磁器生産地として、中国国内だけではなく国外各地に輸出されるようになります。とくに一四世紀に本格的に生産が始まった青花《せいか》（白地に青い顔料で絵付けした磁器）は、アジアはもとよりヨーロッパまで広く流通します。日本も同様で、一六世紀までは中国磁器の輸入に依存していました。しかし一七世紀後半、明朝から清朝（中国の王朝、一六四四～一九一二年）へと王朝が交替する混乱期に中国磁器の輸出は激減し、肥前磁器が取って代わります。一八世紀以後に清朝磁器も輸入されますが、あくまでマイナーな存在でした。ただし琉球王国は、清朝と冊封関係（臣従関係）を結び、近世を通じて中国と貿易したため清朝磁器が多数流入し、その一部は薩摩藩を通じて日本本土へも渡ってきました。近世日本と関連の深い窯として、江西省の景徳鎮《けいとくちん》窯、福建省の漳州《しょうしゅう》窯や徳化《とっか》窯などがあります。

本書で扱うトカラ列島を含め、近世の南西諸島では、これら四つの産地の焼き物が、重層的に流通していました。なお近世の陶磁器には、今のように窯元銘が入ることはきわめて少ないので、粘土の色、釉薬や絵付けの特徴などから産地を推定していきます。

白磁・染付・青花・色絵：白い素地に透明の釉薬をかけて焼いた磁器を「白磁」と言います。白い素地に、焼くと青く発色するコバルト系の顔料で文様を描き、透明釉を掛けて焼いたものを、日本では「染付《そめつけ》」、中国では「青花」と呼びます。白磁や染付として一度焼き上げた磁器に、さらに赤や緑、金などで絵付けして焼いたものを「色絵《いろえ》」と言います。その生産に手間のかかる色絵磁器は、付加価値の高い高級品として扱われました。

Ⅳ　トカラにおける調査

本章では、二〇一一～二〇一七年に実施した調査の成果を紹介します。このうち分布調査は主として各島の集落を中心に実施しました。私の調査研究テーマが近世陶磁器の流通の把握であり、近世の集落が現在の集落と基本的に重なるからです。

1　口之島

口之島は周囲長二〇・三八㎞、面積一三・三三㎢を有し、人口は一三七人です（十島村ＨＰより、二〇一六年一一月三〇日現在。以下同じ）（図9）。港と集落は島の北部に所在します。現在、住民センターのある場所は「トンチ（殿内）」と呼ばれ、集落の中心でした。またその西側に「コー（河）」という湧水地があり、上水道が整備される昭和四〇年代まで、このコーの湧水が飲料水や生活用水として利用されていました（図10）。これらトンチやコーの周辺で比較的多くの陶磁器片が採集されています（図11）。

図 9　口之島遠景

図 10　口之島の「コー」

一七世紀段階の陶磁器として肥前産の砂目陶器碗（図12-1、砂目とは陶器を重ねて窯詰めする際に融着を防ぐために製品の間に置かれた小団子状の砂塊、一七世紀初頭）や薩摩焼苗代川産の甕、中国産の青花碗などがあります。また一八世紀以後も肥前磁器や苗代川の擂鉢・土瓶・甕・鉢などがあり（図12-2・3）、龍門司産の碗も採集しています（図12-4）。薩摩磁器も一八世紀末～一九世紀初頭の碗があります（図12-5）。また一八世紀の清朝色絵磁器の碗が採集されています（図12-6）。

二〇一七年八月に、島の「阿弥陀堂」という祠の前庭部を発掘しました。発掘の結果、中世から近現代までの陶磁器が出土しましたが、近世の陶磁器としては、一七世紀の肥前陶器の擂鉢や、肥前磁器の皿、中国青花小杯などが出土しました。また一八世紀以後では、苗代川の甕、擂鉢、肥前の染付磁器、一九世紀の薩摩磁器碗など

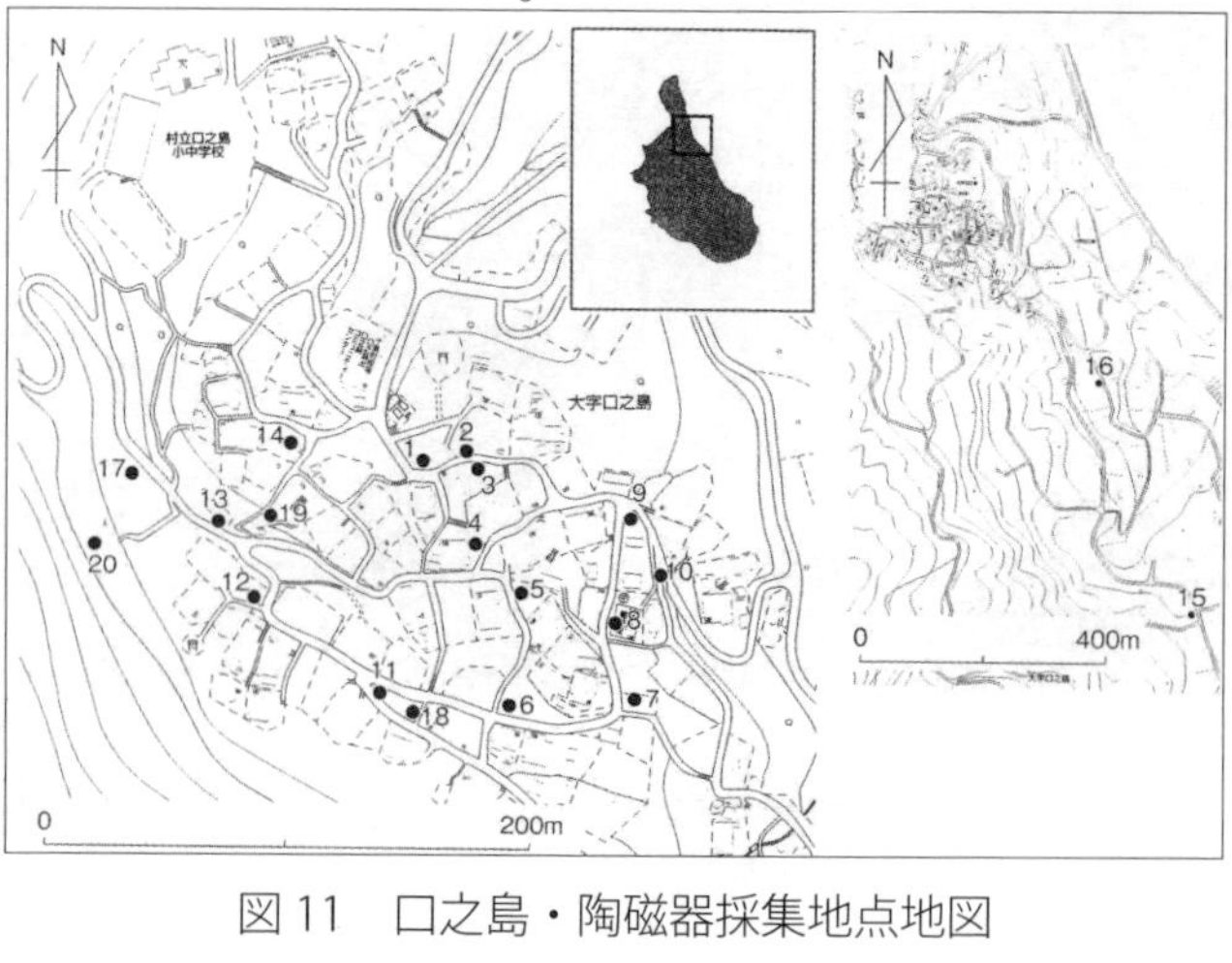

図11　口之島・陶磁器採集地点地図

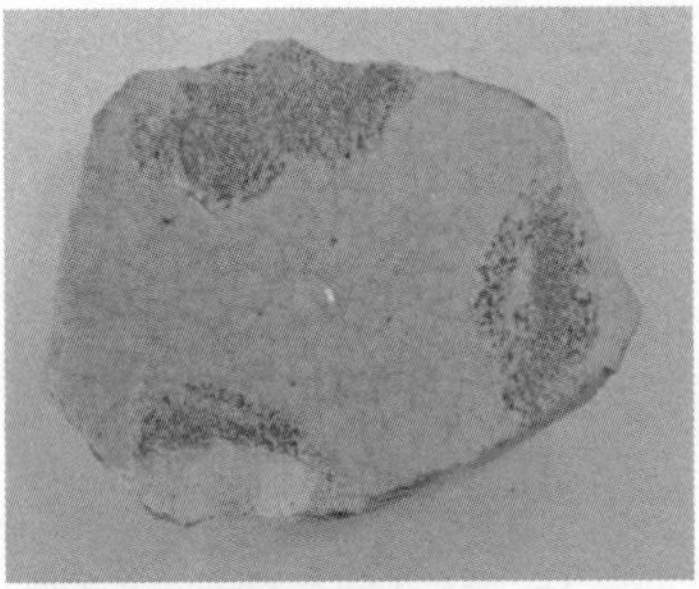

1. 肥前砂目積み碗（17 世紀初頭）

2. 苗代川土瓶蓋（18 世紀後半～）

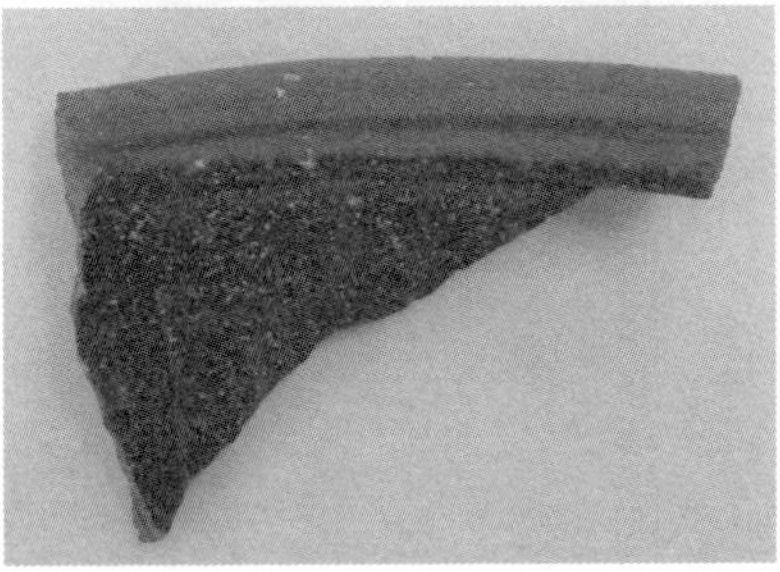

3. 苗代川擂鉢（18 世紀）

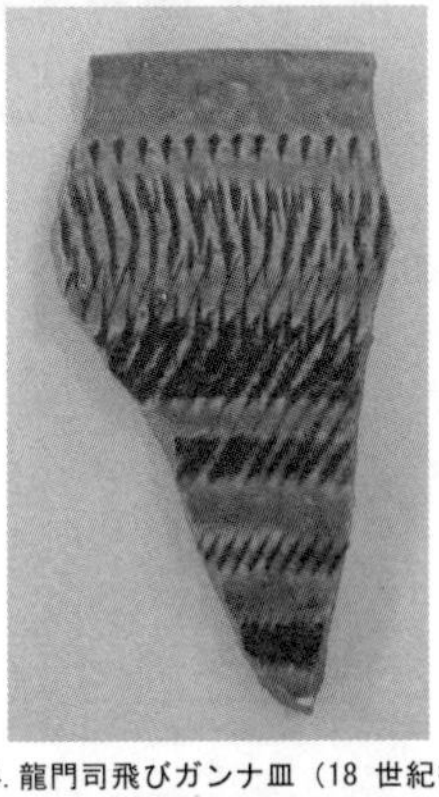

4. 龍門司飛びガンナ皿（18 世紀後半～）

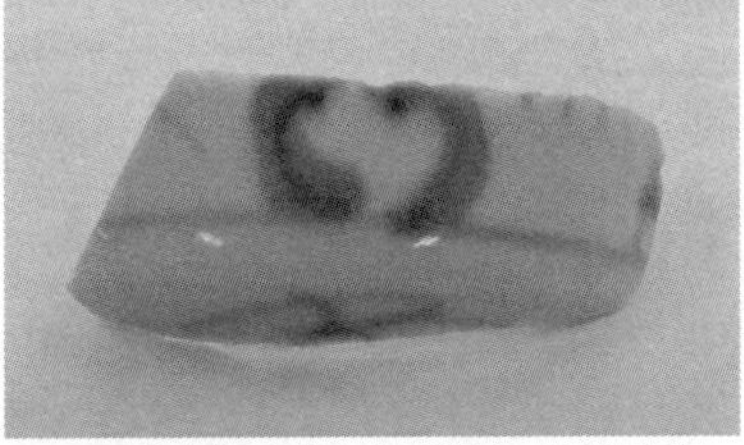

5. 薩摩磁器染付碗（18 世紀末～19 世紀初頭）

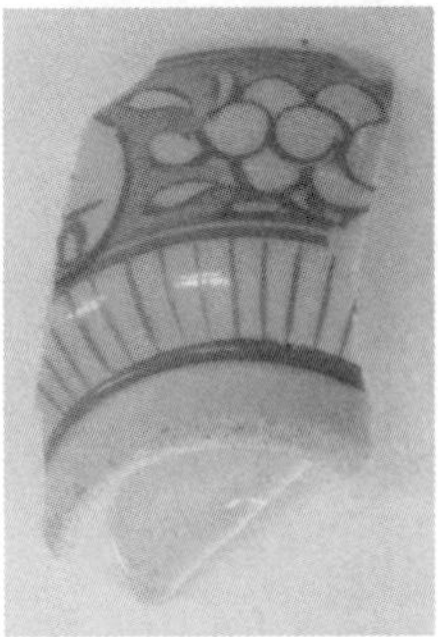

6. 清朝色絵磁器碗（18 世紀）

図 12　口之島採集資料

があります。

2　中之島

中之島は周囲長三一・八〇㎞、面積三四・四七㎢を有し、人口一六二人です（図13）。トカラのうち最も大きな島で、集落は島の西岸部と中央部に所在します。うち西岸北部は近世以来の集落で、里村・楠木の二つの地区に分かれています。西岸南部の船倉・寄木地区は、明治以後に奄美からの移住者により形成されました。また島の中央部の日之出地区は太平洋戦争後に開拓されました。

図13　中之島遠景

陶磁器片が採集されたのは、大部分が古い集落である里村・楠木地区です（図14）。とくに里村にある「島中どん」と呼ばれる祠（図15）の周辺に多数の陶磁器が散布していました。「島中どん」は大きなガジュマルの木が生えており、その前に祠、入り口に鳥居が建っています。祠に奉納された陶磁器が割れて周辺に散らばったのではないかと思われます。

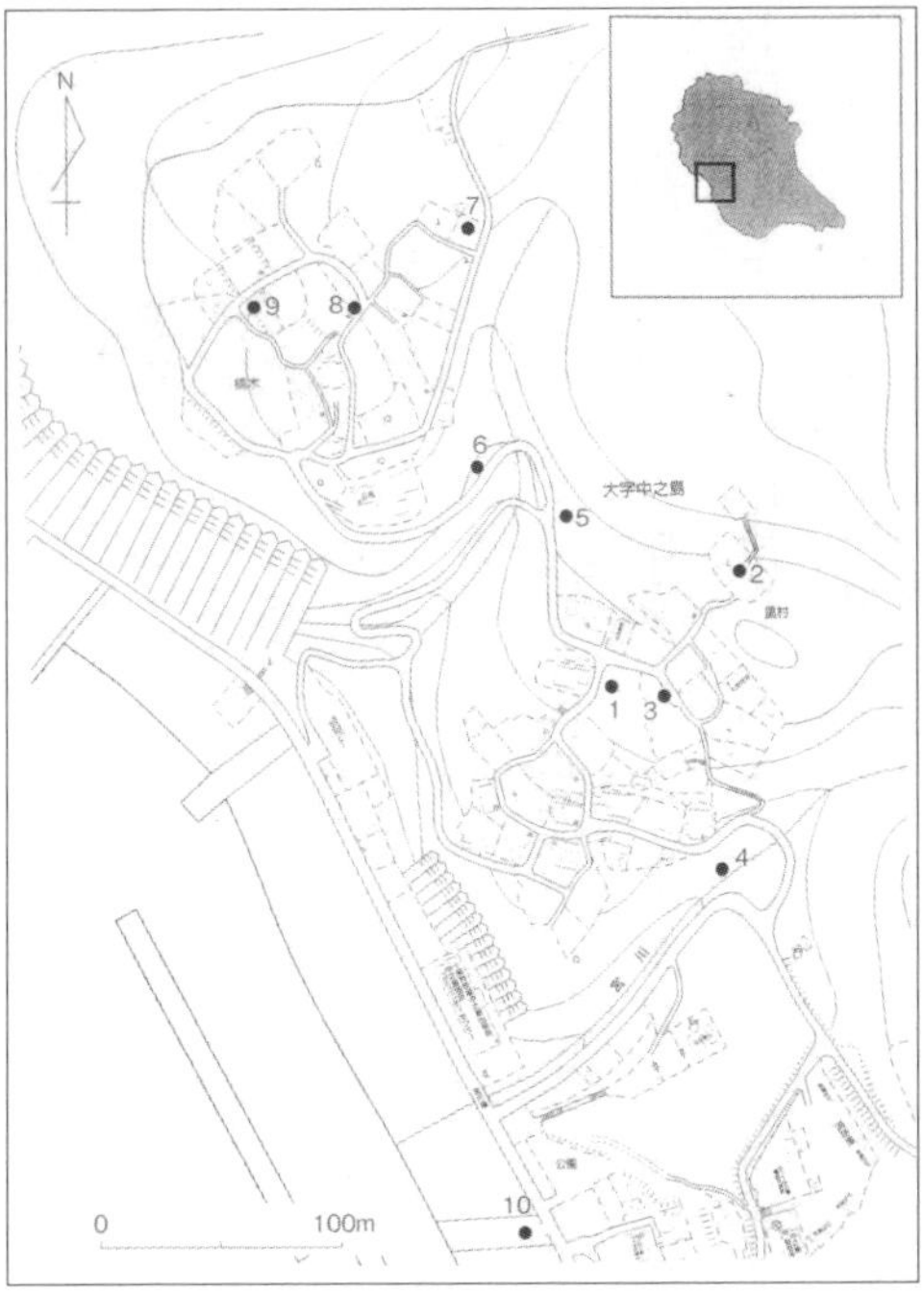

図 14　中之島・陶磁器採集地点地図

図 15　中之島「島中どん」

一七世紀代の陶磁器として肥前産の刷毛目陶器碗（図16‐2、一七世紀後半〜一八世紀前半）や中国青花の碗（図16‐1、一七世紀初頭）、小杯（一七世紀）があります。一八世紀のものとしては、中国青花碗、苗代川産陶器の擂鉢（図16‐5）、土瓶、加治木・姶良系の陶器碗（図16‐3）などがあります。一九世紀は肥前磁器（図16‐4）や薩摩磁器が見られます。また沖縄の荒焼徳利が採集されています（図16‐6）。この徳利は沖縄で「鬼の手（ウニヌーティー）」と呼ばれ、主に泡盛を入れる容器として使われました。

3　臥蛇島

臥蛇島は周囲長九・〇㎞、面積四・〇七㎢キロをはかります。一九七〇年に全島民（当時二八人）が離島し、現在は無人島となっています。残念ながら私はまだ臥蛇島に渡島する機会が得られていません。ただ中之島にある十島村歴史民俗資料館に、臥蛇島に伝来した陶磁器が収蔵・展示されており、これらは同島の八幡神社関係の文化財とされています。二〇一三年にそれらを調査したので、その結果を紹介します。

歴史民俗資料館で展示されている臥蛇島伝来の陶磁器は合計四〇点です。うち中国や東南アジアなどの海外産が一八点、本土産の近世陶磁器が二一点、不明が一点ですが、ここでは近世陶磁

1. 中国青花磁器碗（17 世紀初頭）

2. 肥前陶器刷毛目碗
（17 世紀前半～18 世紀前半）

3. 加治木・姶良系陶器碗（18 世紀後半～）

4. 肥前染付磁器八角鉢（18 世紀末～19 世紀中頃）

6. 壺屋荒焼徳利（19 世紀）

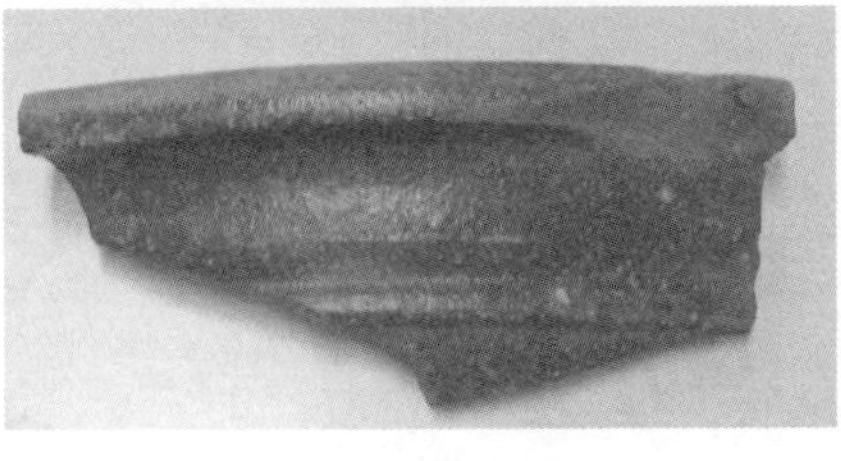

5. 苗代川摺鉢（18 世紀）

図 16　中之島採集資料

表１　臥蛇島伝来の近世陶磁器（十島村歴史民俗資料館展示資料より）

	名称	生産地	点数	年代	備考	図
	天目碗	肥前	2	17世紀前半		17-1
	銅緑釉碗	肥前内野山	2	17世紀後半～18世紀前半	筒碗に近い形状	
	銅緑釉碗	肥前内野山	4	17世紀後半～18世紀前半	丸碗	17-2
陶器	碗	薩摩龍門司	2	18世紀前半	灰白色胎土、総釉、蛇の目釉剥ぎ	
	碗	薩摩龍門司	2	18世紀後半以後	赤色胎土、白化粧土掛け	17-3
	皿	薩摩龍門司	1	18世紀後半以後	飛びガンナ、白化粧土	
	瓶	薩摩龍門司	1	18世紀後半以後	飛びガンナ、白化粧土、褐釉流し掛け	
	染付笹文碗	肥前	2	19世紀		17-4
磁器	染付格子文碗	肥前	4	19世紀前半～中頃		17-5
	染付松文瓶	肥前	1	19世紀		

器のみを取り上げます（図17・表1）。

産地としては肥前産の陶器と磁器があり、また薩摩焼には龍門司産の白化粧土掛けの碗が見られます。年代は一七世紀から一九世紀まであります。瓶も二点ありますが、他はいずれも碗で、器種的に偏っています。これらの特徴として、同じ産地・形態・文様の碗が二点あるいは四点セットになっていることがあります。また破損したものがきわめて少ないことも特徴です。さらに詳しく見ると、碗の内底部に、窯で焼成する際に降ってきた小さな灰がそのまま付着していることがわかります（図17-2）。こういった灰は、使用しているうちに摩耗するものですが、臥蛇島伝来品には摩耗が見られません。つまり使用していない可能性が考えられます。以上のような特徴は、後述する諏訪之瀬島切石遺跡出土の陶磁器と共通し、その性格を考

1. 肥前陶器天目碗（17 世紀前半）

2. 肥前陶器銅緑釉碗
（17 世紀後半～18 世紀前半）

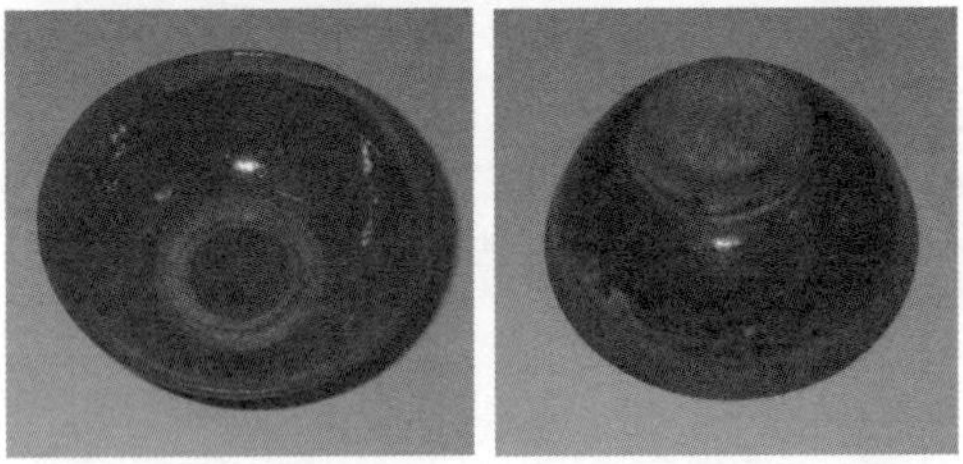

3. 龍門司陶器碗（18 世紀後半）

4. 肥前染付笹文磁器碗（19 世紀）

5. 肥前染付格子文磁器碗
（19世紀前半～中頃）

図 17　臥蛇島伝来資料（十島村歴史民俗資料館蔵）

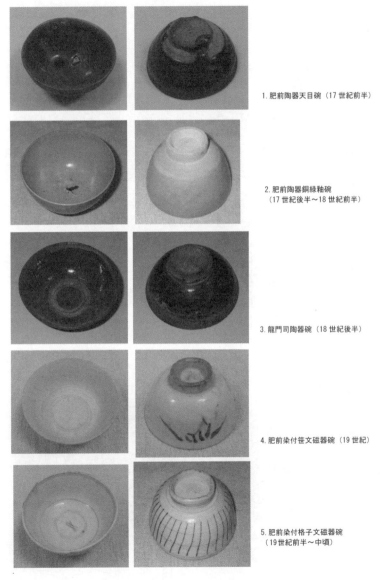

える上で重要です。

4　平島

平島は周囲長七・二三㎞、面積二・〇八㎢を計り、人口六五人です（図18）。集落は島の西側に所在します。フェリーの港としては島の南側の南之浜港が使われています。

肥前磁器としては、一七世紀前半の染付皿が採集されています（図19‐1）。一七世紀後半～一八世紀前半の肥前内野山産の陶器碗（図19‐2）、一八世紀以後の薩摩焼である苗代川産擂鉢（図19‐4）や土瓶、加治木・姶良系陶器の碗（図19‐3）や皿があります。また平島では、粗放な双喜文（「喜」を二つ並べて書く吉祥文様）と唐草文を描く清朝の青花磁器碗が多数採集されています（図19‐5・6）。これと同じ青花磁器は他の島でも採集されていますが、平島がもっとも多く、同島では「ピーピーどんぶり」などと呼ばれています。これは明治二七年（一八九四）に平島に漂着した無人船の搭載品と推測されています。この青花磁器については次

図18　平島遠景

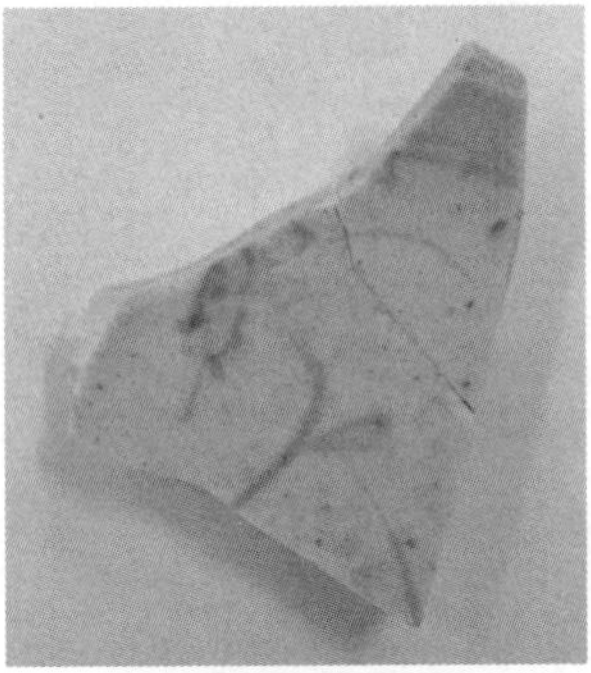

1. 肥前染付磁器皿（17 世紀前半）

2. 肥前陶器碗（17 世紀後半～18 世紀前半）

3. 加治木·姶良系陶器碗（18 世紀前半～中頃）

4. 苗代川擂鉢（18 世紀）

5. 清朝青花磁器碗（19 世紀）

6. 清朝青花磁器碗（19 世紀）

図 19　平島採集資料

章で詳しく述べます。

5　諏訪之瀬島

諏訪之瀬島は周囲長二七・一五㎞、面積二七・六六㎢を有し、人口七〇人です（図20）。集落は島の南端部に位置し、港はやはり南端の東側に切石港、西側に元浦港があります。現在のフェリーは主として切石港を使用しますが、天候によっては元浦港を使うこともあります。

本島は文化一〇年（一八一三）の御岳噴火により全島民が離島し、明治一六年（一八八三）、奄美大島の藤井富伝《とみでん》らを中心とした入植者が居住するようになるまで無人島でした。離島以前の旧集落は厚い火山灰層で覆われているため、近世の生活面は地下深く埋もれています。そのため採集資料もわずかで、近世の陶磁器流通の様相は把握できません（図21）。

しかし同島の切石遺跡が一九九二年に熊本大学考古学研究室によって発掘調査され、計一四八

図20　諏訪之瀬島遠景

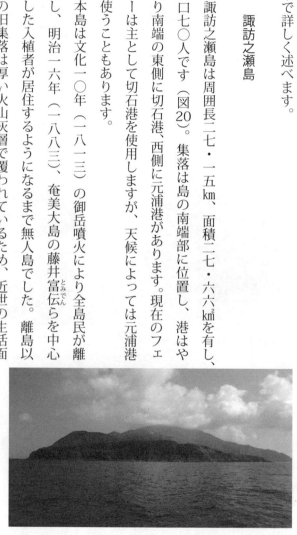

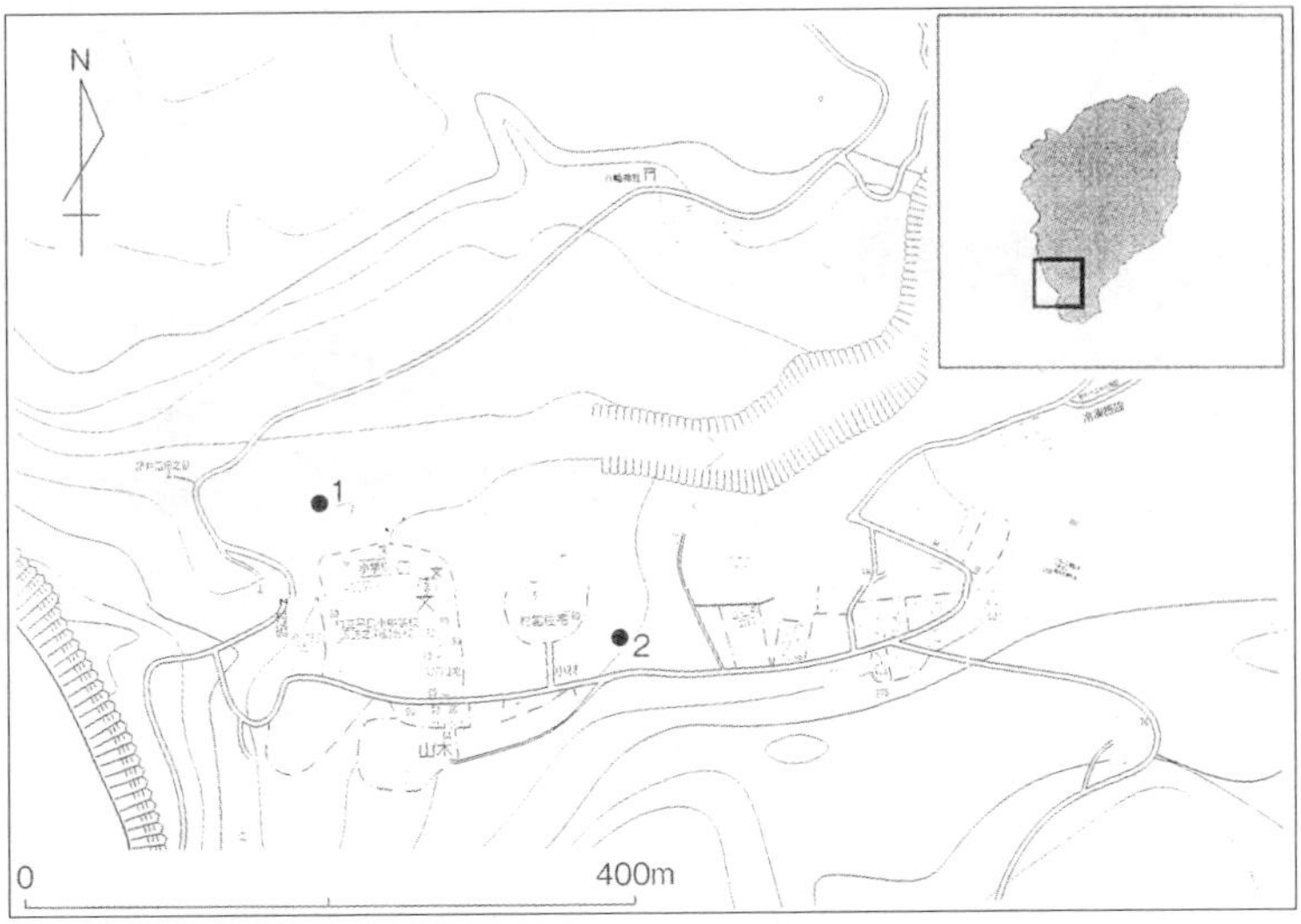

図 21　諏訪之瀬島・陶磁器採集地点地図

表 2　切石遺跡出土近世陶磁器一覧（大橋・山田 1995 より抜粋）

時期	年代	点数	内容
Ⅰ期	14世紀中葉～15世紀中葉	9	中国青磁(8)、中国白磁(1)
Ⅱ期	15世紀後半～16世紀中葉	19	中国青磁(5)、中国白磁(10)、中国青花(4)
Ⅲ期	16世紀後半～17世紀初	21	中国青花(12)、ベトナム青花(2) 瀬戸美濃(3)：天目碗（1600-30）(3) 肥前陶器(4)：胎土目灰釉皿(1590-1610)（1），灰釉碗（1600-30)(2)，同（1610-30)(1)
Ⅳ期	1610年代～1660年代	33	肥前陶器(18)：口縁外反り灰釉碗（1610-30)(4)，砂目灰釉溝縁皿（1610-30)(4)，砂目灰釉皿（1600-30）(1)，砂目象嵌皿（1610-40)(1)，砂目銅緑釉施文皿（1610-40)(2)，鉄釉碗（17c前半)(1)，鉄釉碗(1630-40)(2)，同(1630-40)(1)，同（1630-50)(1)，同（1640-70)(1) 肥前磁器(15)：染付皿（1640-50)(2)，白磁陽刻文皿(1640-50)(1)，白磁口錆碗(1640-50)(2)，染付山水文碗（1640-60)(7)，染付山水文「太明」銘碗（1640-60)(3)
Ⅴ期	17世紀後半～18世紀前半	26	肥前陶器(15)：銅緑釉内野山碗（17c後半-18c初)(3)，同（17c後半-18c前半)(2)，蛇の目釉剥ぎ内野山皿(17c後半)(5)，刷毛目碗（1690-18c前半）(4)，同(18c前半)(1) 薩摩焼(11)：白薩摩碗(3)，深皿(6)，丸形碗(2)
Ⅵ期	18世紀（～1813)	40	薩摩焼(40)：龍門司白化粧土碗(40)

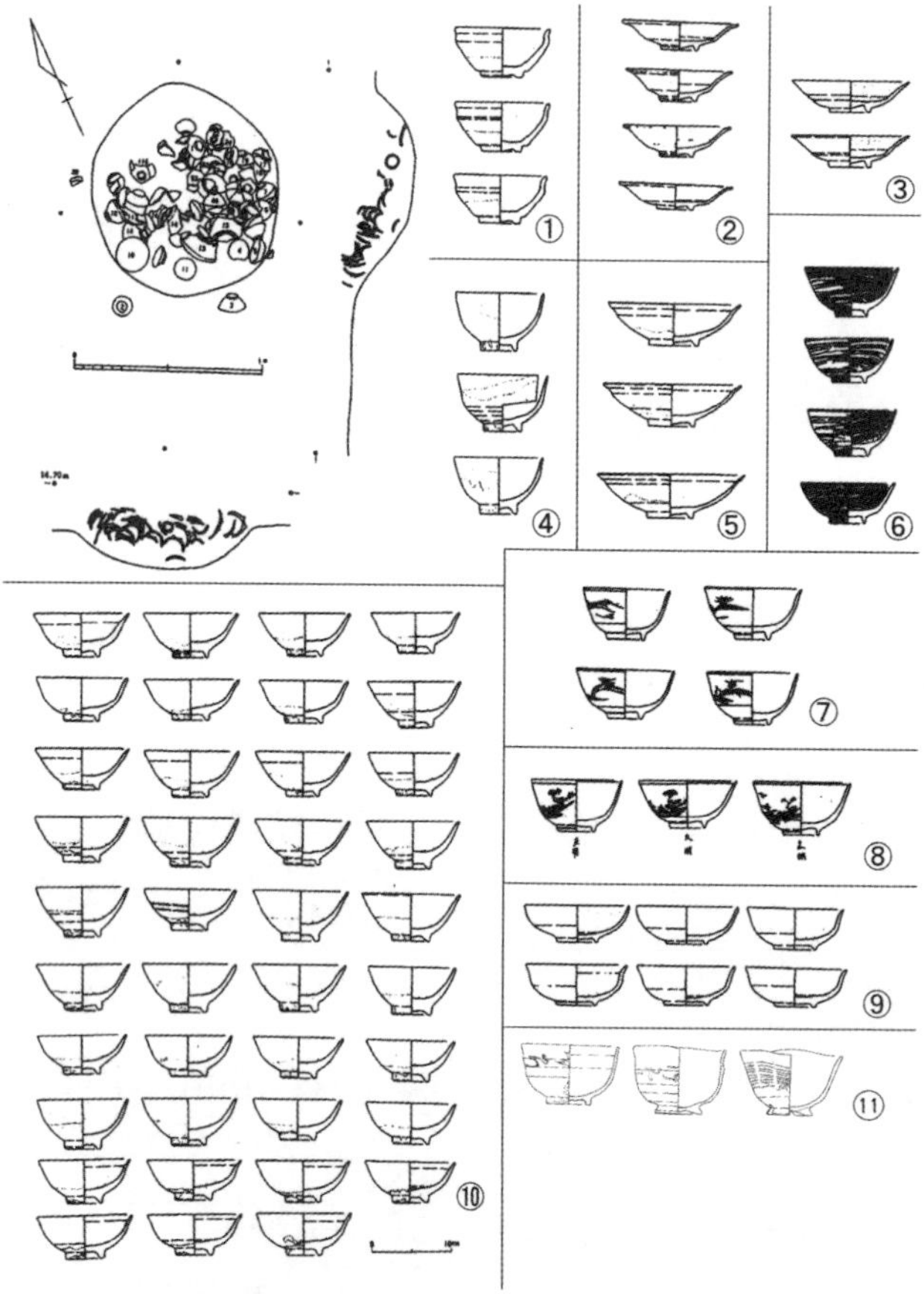

図 22　諏訪之瀬島切石遺跡出土の近世陶磁器
①天目碗（瀬戸美濃），②灰釉溝縁皿（肥前），③銅緑釉皿（肥前），④銅緑釉碗（肥前），⑤折縁皿（肥前），⑥刷毛目碗（肥前）⑦染付山水文碗（肥前）⑧染付「大明」銘山水文碗（肥前），⑨陶器皿（薩摩），⑩白化粧土陶器碗（薩摩）、⑪白薩摩碗（薩摩）（大橋・山田 1995 より一部改変）

点の陶磁器と計一六点の土師器（素焼の小皿）が土坑（地面に掘られた穴）内部とその周辺から出土しています（図22）。土坑は一八一三年の火山灰に覆われており、それ以前に埋められたものと考えられます。また土坑内部からは釘の破片なども出土し、陶磁器はもともと木の箱に納められ埋められたと推測されています。

出土した陶磁器は一四世紀後半から一八世紀にかけてもので、六期に時期区分されています（表2）。うちⅢ期の後半～Ⅵ期が近世に該当します。近世の陶磁器を見ると、いくつかの特徴があります。一つは甕や壺、擂鉢などの日用の貯蔵具や調理具がなく、碗・皿という食器類に限られていることです。また破損もきわめて少ないのも特徴です。そして同形・同大、同じ釉薬や文様を有する碗や皿が複数出土しています。とくに一八世紀の龍門司産碗は四〇個出土していますが、その大きさ・形態はほぼ均一です。また私は以前に熊本大学で実際にこれらの陶磁器を観察する機会がありましたが、使用によって生じる摩耗や欠損は見られず、未使用のまま埋められた可能性が高いと考えています。先の臥蛇島伝来資料と共通点が多く見られます。

6. 悪石島

悪石島は周囲長一二・六四㎞、面積七・四九㎢を計り、人口は七三人です（図23・24）。港と集落は島の西側に所在します。同島の近世陶磁器は、一八世紀以後の苗代川産の甕（図25-1・2）や一九世紀の清朝青花磁器（図25-3・4）が採集されています。比較的多くの陶磁器が採集されたのは集落のほぼ中心部で、小さな祠が祀られている地点です。

7 宝島

宝島は周囲長一三・七七㎞、面積七・一四㎢を有し、一三七人が住んでいます（図26）。港と集落は島の北側に所在します。文政七年（一八二四）八月、イギリス船が来島し、島の牛を強引に持ち去ろうとする船員と島民の間で銃撃戦となり、船員一名が死亡する事件が発生しています。

宝島でもっとも多くの陶磁器が採集できたのは「上の寺」と呼ばれる墓地です。墓地の周辺部

図23　悪石島遠景

図 24　悪石島・陶磁器採集地点地図

1. 苗代川甕底部（18 世紀後半～、悪石島）

2. 苗代川甕口縁部（18 世紀後半～、悪石島）

3. 清朝青花磁器碗（19 世紀、悪石島）

4. 清朝青花磁器碗（19 世紀、悪石島）

5. 肥前染付磁器腕（17 世紀末～18 世紀前半、小宝島）

図 25　悪石島・小宝島採集資料

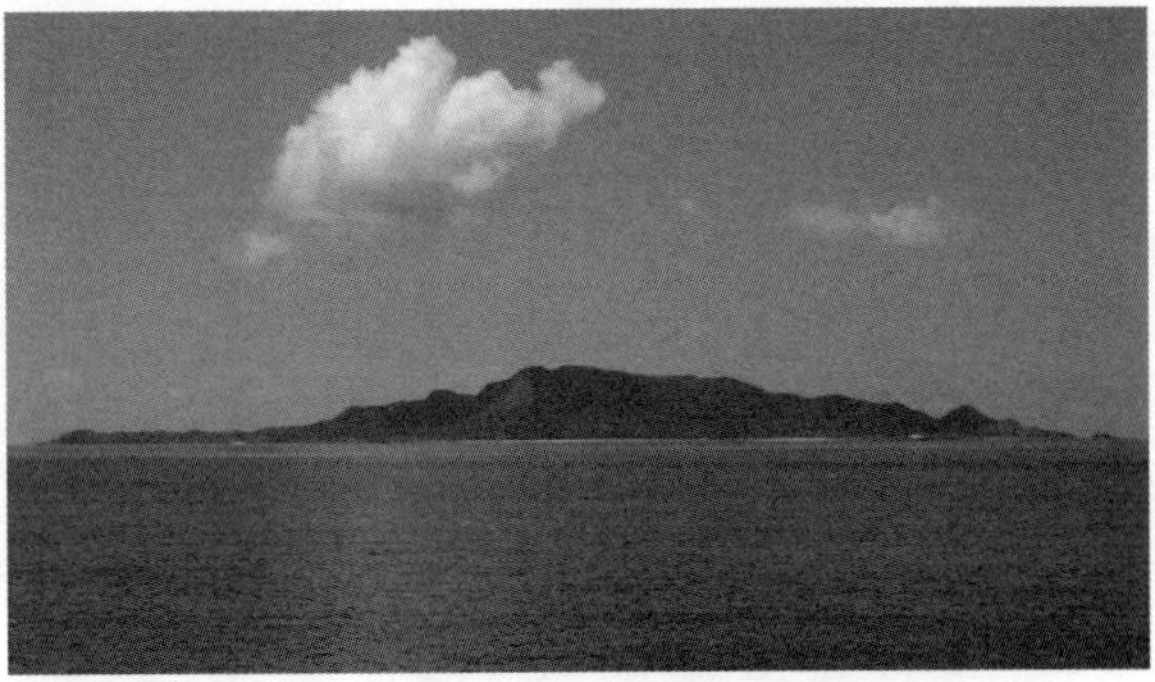

図 26　宝島遠景

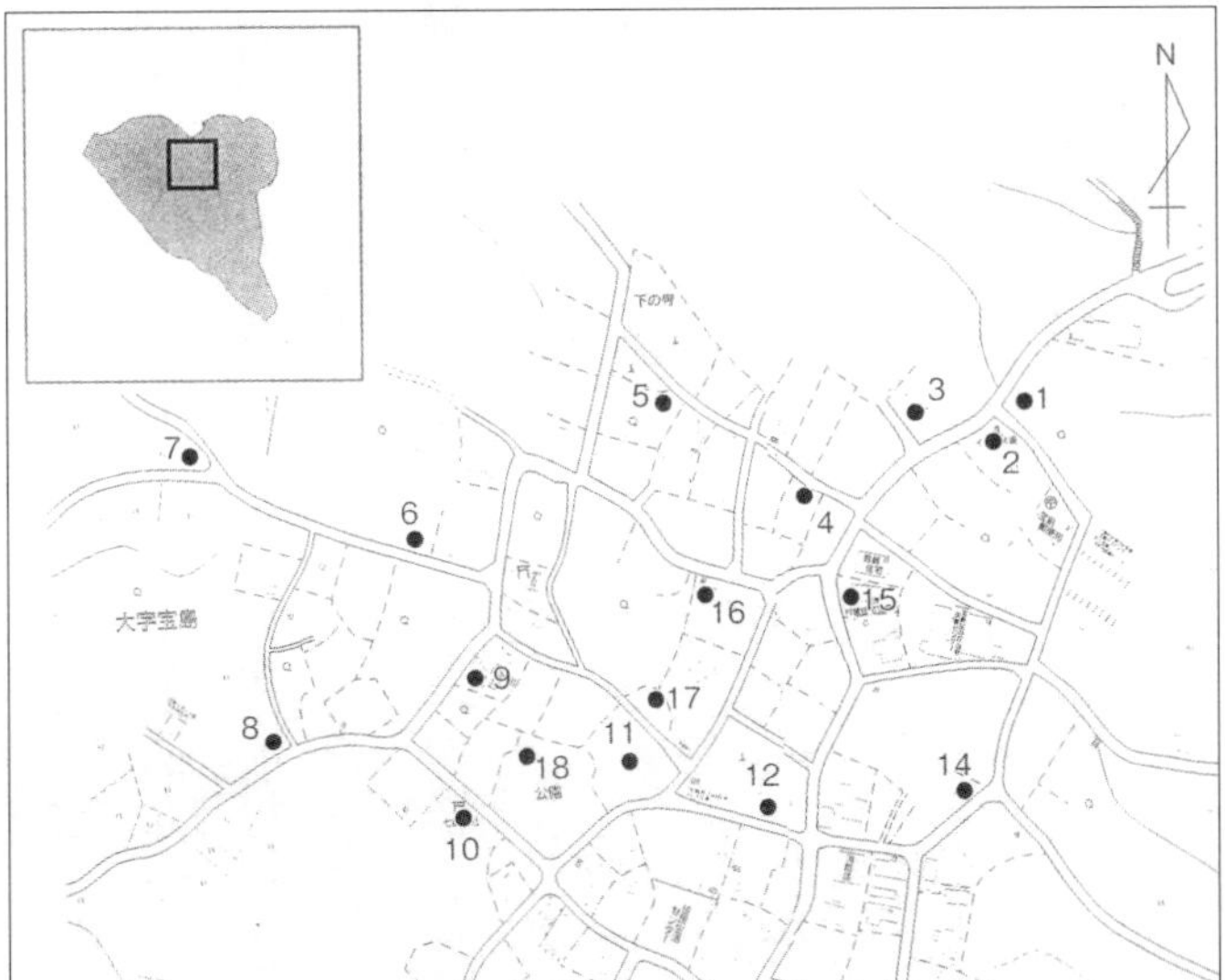

図 27　宝島・陶磁器採集地点地図

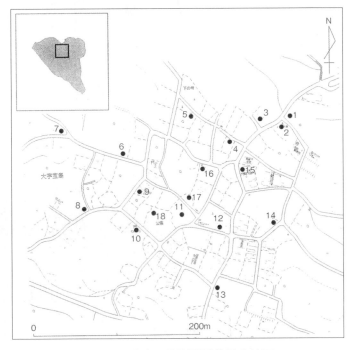

に割れた碗などが散布しており、おそらく元々はお墓に供えられていた陶磁器が廃棄されたものと考えられます。またガジュマルの木の下に陶磁器が散布していたり、広く張った根の間に陶磁器が絡まっている事例も見られます。これらももしかすると奉納品なのかもしれません（図27)。

一七世紀の陶磁器としては中国の青花小杯があり、一八世紀以後のものには苗代川産の甕や土瓶、肥前の染付磁器蓋（図28－1)、一九世紀の薩摩磁器の染付碗や蓋（図28－2・3）などがあります。また一九世紀と思われる京焼(京都で焼かれた陶器)の色絵碗の破片も採集されました(図28－4)。このほか近代の沖縄壺屋産の土瓶の蓋（図28－5)、平島で多く見られた双喜文と唐草文を描く粗製の清朝青花磁器碗（図28－6）などがあります。

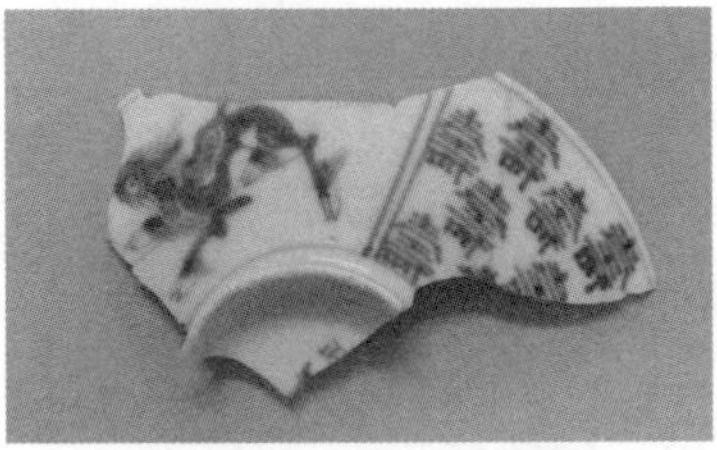

1. 肥前染付磁器蓋（18 世紀後半）

2. 薩摩染付磁器蓋（19 世紀中頃）

3. 薩摩染付磁器腕（18 世紀末～19 世紀初頭）

5. 沖縄上焼土瓶蓋（19 世紀後半～、近代）

4. 京焼色絵陶器碗（19 世紀か）

6. 清朝青花磁器碗（19 世紀）

図 28　宝島採集資料

8　小宝島

小宝島は周囲長四・七四㎞、面積一・〇〇㎢と、有人島のうちではもっとも小さく、人口は六二人です（図29）。昭和八年（一九三三）に定期連絡船「十島丸」が就航しましたが、当初は各島に接岸できる港がなく、海上に停泊した船から港まで人と物資を運ぶ小さな船＝艀《はしけ》を使用していました。そののち港が整備されていき、艀は姿を消しますが、小宝島は平成二年（一九九〇）、十島村で最後に港が整備され、ようやくにして艀が不要になりました。日本国内でも最後まで艀が残っていた港です。

採集資料数は、火山灰で埋もれた諏訪之瀬島を除くともっとも少なく（図30）、近世のものとしては一七世紀末から一八世紀前半の肥前磁器碗（こんにゃく印判）があるのみです（図25-5）。ただし島の旧祠（現在は小宝神社に合祀されています）では、肥前産の刷毛目陶器碗（一七世紀後半～一八世紀前半）、

図29　小宝島遠景

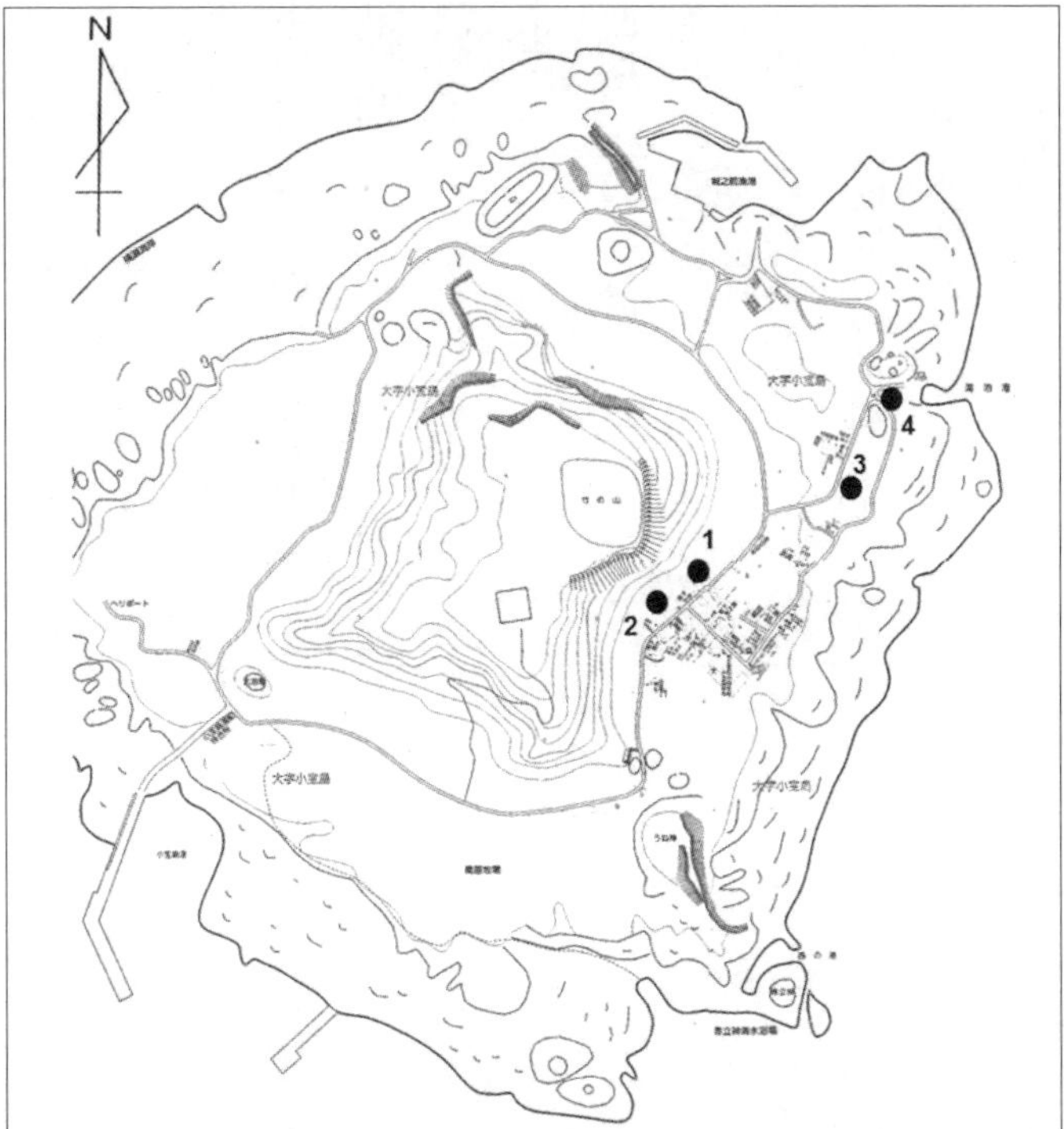

図 30　小宝島・陶磁器採集地点地図

粗い赤褐色胎土に白化粧土を施す龍門司産の陶器瓶（一九世紀か）と、加治木・姶良系の黒釉陶器瓶（一八〜一九世紀）などが確認できました。

9　まとめ（表3）

まず近世トカラにおける碗や皿などの食器類には磁器と陶器があります。肥前磁器は一七世紀から近世を通じて流通していました。肥前陶器は一七世紀初頭の砂目積み陶器の段階から、内野山産銅緑釉陶器や刷毛目陶器など一八世紀前半まで流通しています。肥前ではこの時期、陶器の食器生産は衰退し、甕や壺などが中心となりますので、その状況を反映しています。一方、薩摩焼の陶器は一八世紀前半の龍門司製品が臥蛇島伝来資料に見られ、また一八世紀後半以後の白化粧土を掛けた量産品も見られま

沖縄陶器	中国磁器
荒焼徳利・擂鉢（近代） 上焼土瓶把手（近代）	青花碗（16c末〜17c初） 青花小杯（18〜19c） 青花碗（18c） 色絵碗（18c）
荒焼徳利（19c）	青花蛇の目釉剥ぎ皿（16c末〜17c初） 青花端反碗（17c初） 青花小杯（17c） 青花碗（18c） 青花鉢（18c）
	青花小杯（18〜19c） 青花碗・皿（19c）
	青花碗（19c）
	青花碗（18〜19c） 青花小皿（19c）
上焼土瓶蓋（近代）	青花脚付小杯（17c） 青花碗（18c） 青花碗・皿（19c）
	青花碗（18c後半〜19c）

す。さらに一八世紀末以後の薩摩磁器も流通するようになります。そのほか本土産陶器として、京焼の色絵陶器もわずかながら採集されています。中国磁器は量こそ少ないものの、一七世紀から一九世紀にかけての青花製品が見られます。また口之島で採集された一八世紀の清朝色絵磁器碗は沖縄首里城の真珠道《まだまみち》跡から類品が出土しています。これら中国の磁器は沖縄経由で運ばれてきた可能性が考えられます。

　次に甕や壺の貯蔵具、擂鉢などの調理具は、大部分が苗代川産です。一七世紀の苗代川の甕が採集されて

表3　トカラ各島における主な近世陶磁器採集資料（2015年3月段階）

	本土産陶磁器		
	薩摩焼	肥前陶磁	その他
口之島	苗代川甕（17c） 苗代川擂鉢（18～19c） 苗代川土瓶蓋（18c後半～） 苗代川鉢・甕（19c） 龍門司飛ガンナ皿（18c後半～） 染付半筒碗（18c末～19c初）	砂目陶器碗（17c初頭） 染付香炉（19cか）	
中之島	苗代川陶器擂鉢（18c） 苗代川土瓶（18c後半～） 加治木・姶良陶器碗（18c後半～） 染付唐草文蓋物（19c）	刷毛目陶器碗（17c後半～18c前半） 染付香炉（19cか） 波佐見染付丸文碗（19c中頃） 染付八角鉢（18c末～19c中頃）	
臥蛇島（伝来品）	龍門司碗（18c） 龍門司皿（18c） 龍門司瓶（18c）	陶器天目碗（17世紀前半） 陶器銅緑釉碗（17c後半～18c前半） 染付笹文磁器腕（19c） 染付格子文磁器腕（19c前半～中頃） 染付松文磁器瓶（19c）	
平島	苗代川陶器擂鉢（18～19c） 苗代川土瓶（18c後半～） 加治木・姶良陶器せんじ碗（18c前半～中頃） 加治木・姶良陶器碗・小皿（18c後半～）	陶器銅緑釉碗（17c後半～18c前半） 染付磁器皿（17c前半） 染付磁器皿（18c後半）	
諏訪之瀬島			
悪石島	苗代川陶器甕（18c後半～）		
宝島	苗代川陶器甕（19c～） 苗代川陶器土瓶蓋（18c後半～） 染付半筒碗（18c末～19c初） 白磁朝顔形碗蓋（18c末～19c） 染付端反碗蓋（19c中～後半）	染付蓋（18c後半）	京焼色絵陶器碗（19cか）
小宝島		染付コンニャク印判碗（17c末～18c前半）	

いますが、数が増大するのは一八世紀、とくに後半になってからです。この時期より苗代川の土瓶も見られるようになります。

沖縄産陶器は大壺や擂鉢などの焼締め陶器（荒焼）と、土瓶などの施釉陶器（上焼）が採集されています。また民家の庭先などに壺屋産の大壺が多く観察できます（図31）。これらは近世のものか近代以後のものか区別が難しいのですが、近世までさかのぼると推測される徳利（鬼の手）なども採集されているので、ある程度、沖縄産陶器が流通していた可能性もあります。

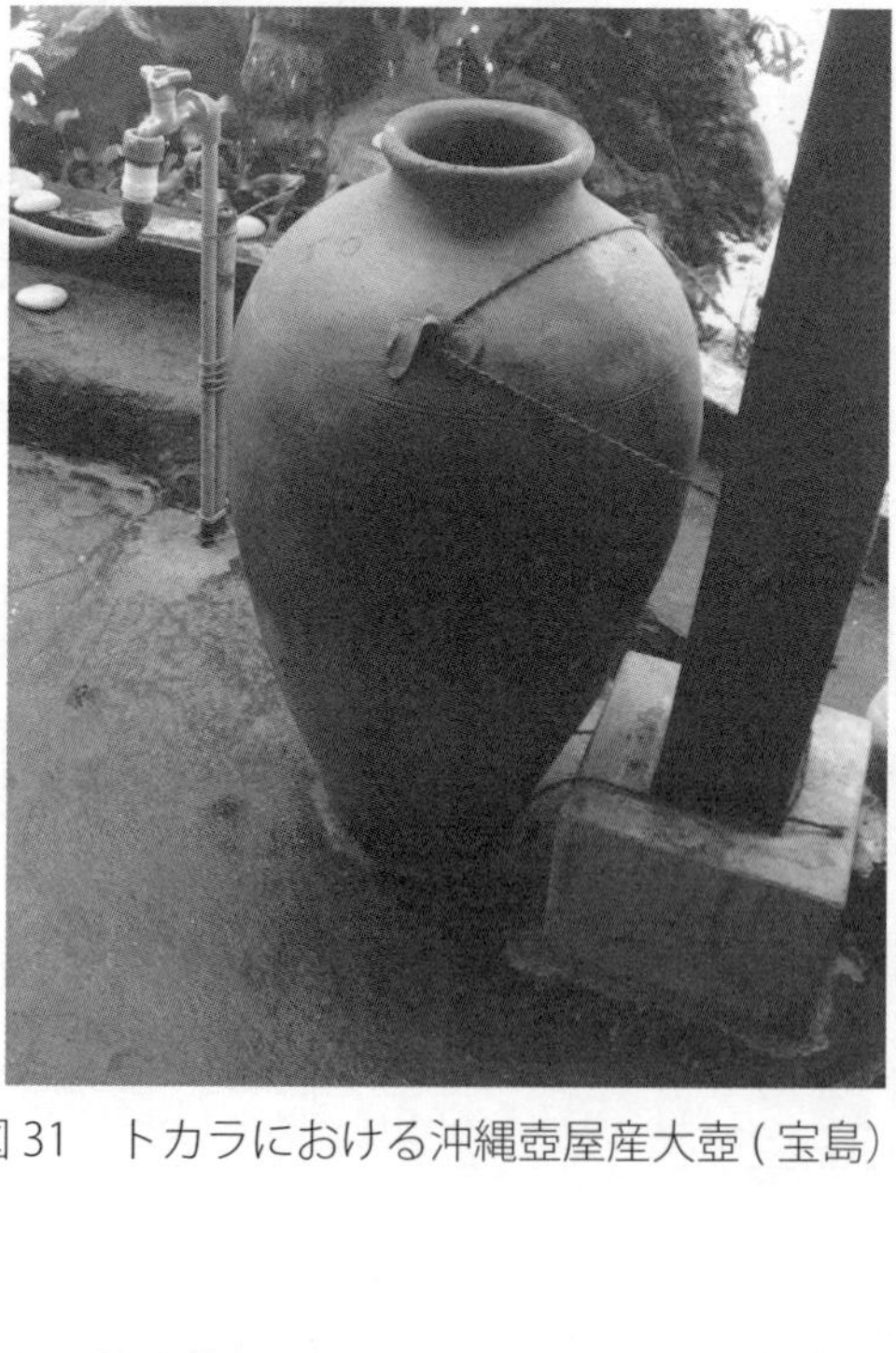
図31　トカラにおける沖縄壺屋産大壺（宝島）

トカラにおける近世陶磁器の流通様相は以下のようにまとめられます。つまり食器類は肥前陶器と磁器、薩摩の加治木・姶良系、龍門司製品、さらに一九世紀には薩摩磁器が加わること、貯蔵具や調理具は苗代川製品が主体であること、沖縄の壺屋の荒焼・上焼が流通していたこと、です。このような様相は、これまでに明らかになっている近世鹿児島の本土地域のそれとよく似ています。つまりトカラにおける本土産陶磁器の入手先は鹿児島本土域であった可能性が高いと思います。また上質の肥前磁器や京焼色絵陶器は、その所有者が島における有力者である可能性が推測されます。

このように近世トカラにおける陶磁器流通は、鹿児島本土域からの肥前陶磁器や薩摩焼の流れと沖縄からの南からの流れがあります。南からの流れには、中国から沖縄を経由してくる中国磁器の流れと、沖縄を起点とした壺屋産陶器の流れの二種類があります。このような流れはトカラだけでなく、奄美・沖縄を含む南西諸島全体に通じるもので、大きく「北からの流れ」「南からの流れ」「島嶼内での流れ」という三つ

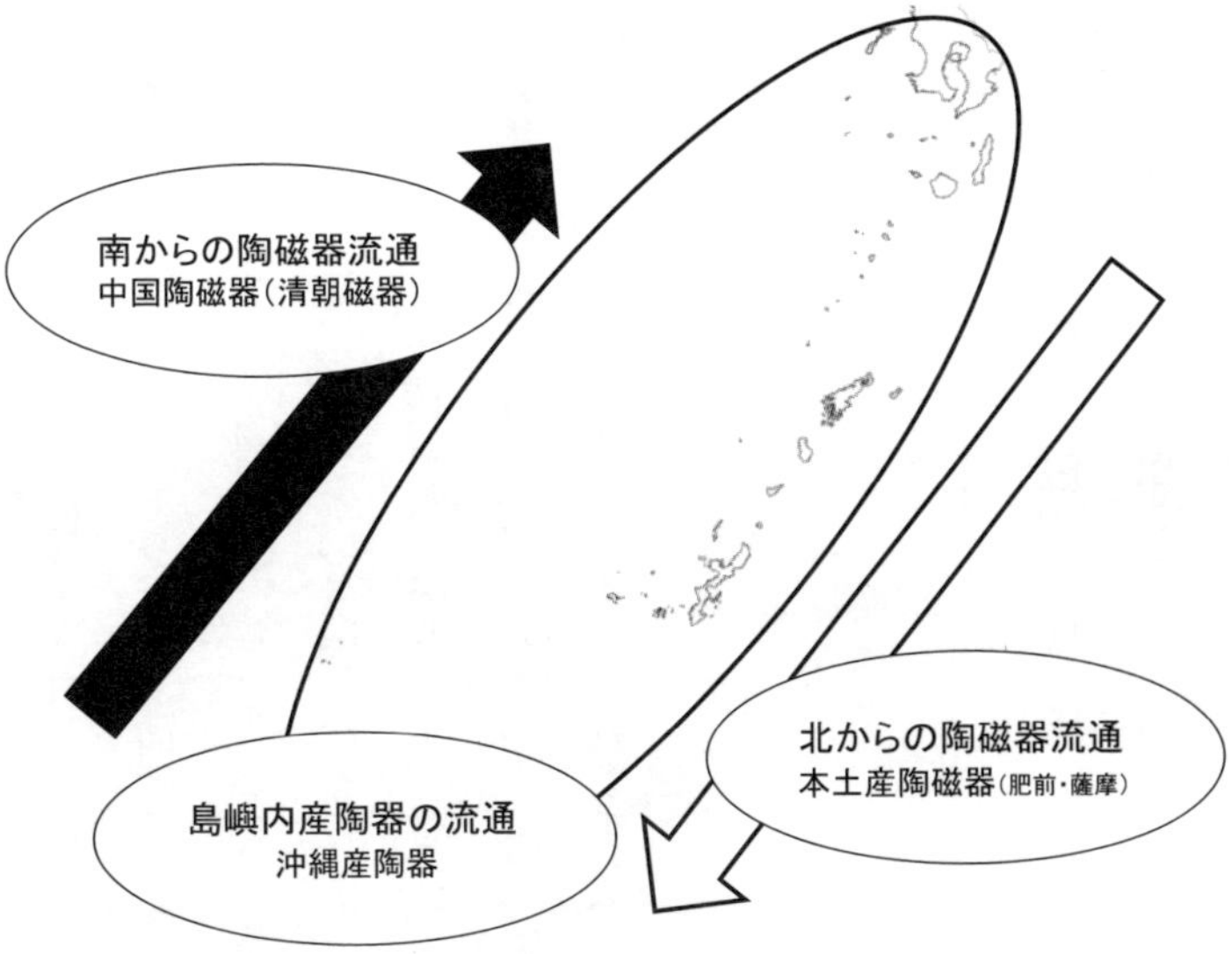

図 32　近世南西諸島における陶磁器流通

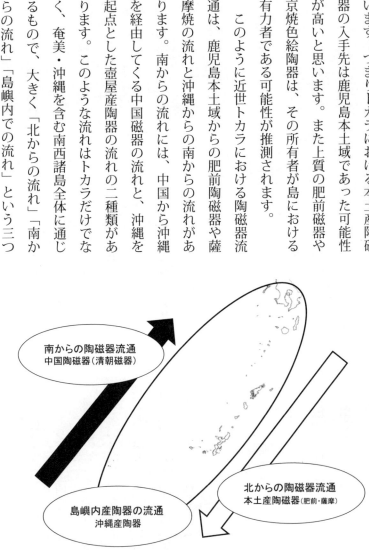

の流れが重層的に形成されていたと言えます（図32）。

次に分布調査の結果を別の視点から見てみましょう。各島で陶磁器が採集される地点には、比較的多くの陶磁器が散布している場所と、あまり採集できない場所があります。前者のうちの一つは、現在の村役場支所や住民センターなどが所在する集落の中心部です。居住領域の限定される島においては、このような地域は古くより集落の中心となる役所などの公的施設や在地有力者などの居宅があった可能性があります。今後、古地図などとの比較対照が必要です。もうひとつの散布密度が高い地点として、祠（「島中どん」など）や墓地、ガジュマルの木の下などが挙げられます。これらの陶磁器は何らかの信仰対象に対する奉納品的な性格が想像されますが、この点についても次章でもう一度取り上げます。

V　近世トカラの物資流通

過去の物資流通について考えるためには、「いつ」「なにが」「どこから」「どれくらい」「誰によって」「どのような運送方法で」「何のために」運ばれたか、を明らかにする必要があります。陶磁器考古学は、遺跡の踏査や発掘調査などによって、これらのことを明らかにすることを目指します。たとえば「なにが」については、まさにモノそのものからアプローチできますし、「いつ」や「どこから」についても、その陶磁器の年代や生産地が研究で明らかにされることによって解明できるでしょう。

しかし「誰によって」「どのような運送方法で」「何のために」などは、陶磁器だけから明らかにするのは、きわめて難しい問題です。また「どれくらい」についても、採集数や遺跡からの出土数から目安は付けられても、それらがすべてとは言えません。高価で大切な陶磁器は、丁寧に扱われ、破損する機会、つまり廃棄される機会が、日用品・量産品に比べると低いからです。

以上のように、物資流通については、陶磁器考古学からアプローチできる側面もあれば、十

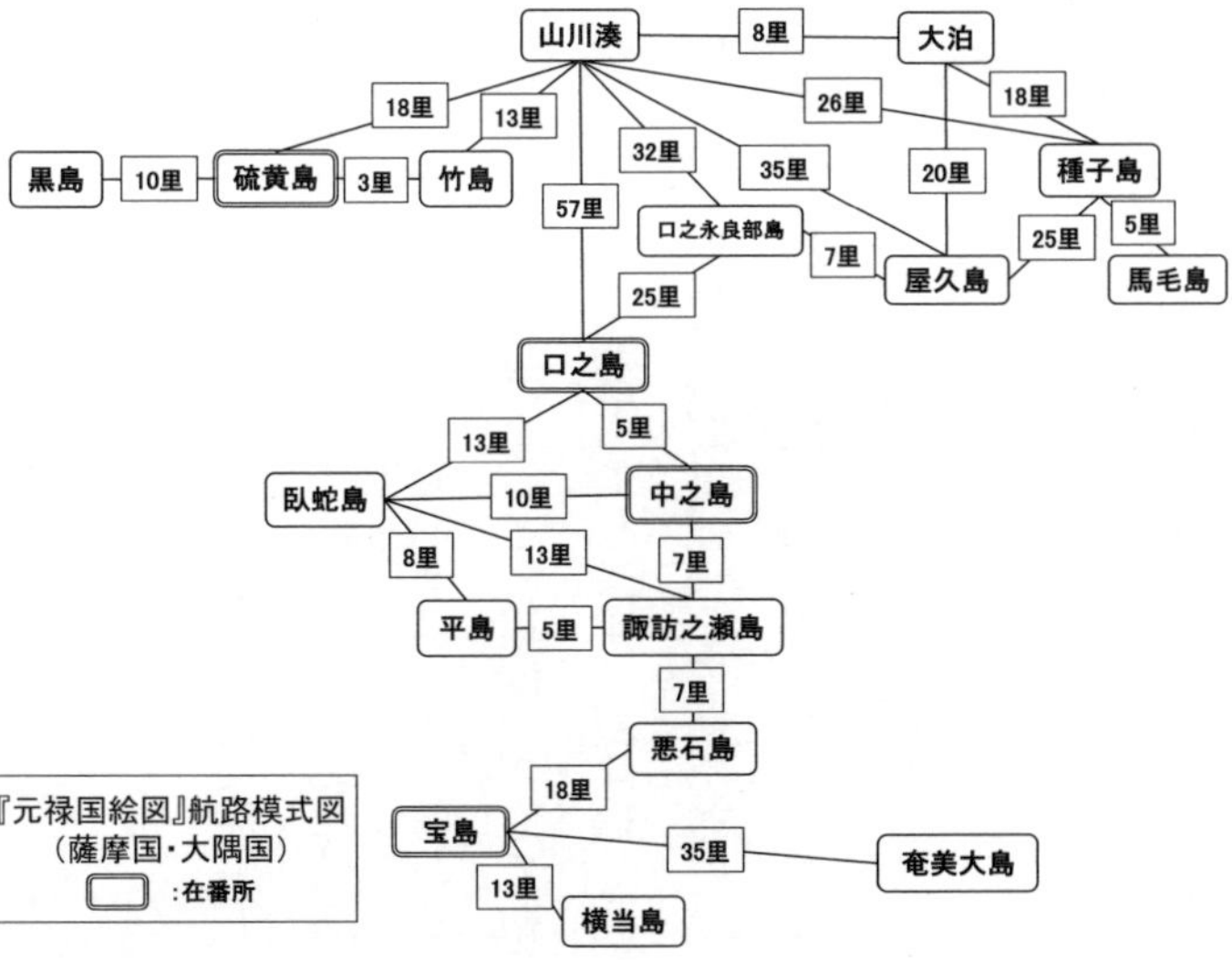

図 33　近世トカラの航路（『元禄国絵図』より）

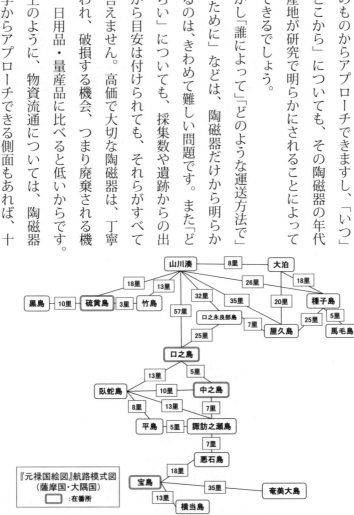

表4　中之島をめぐる公用船の往来（1864-66年）（『十島村誌』より）

航路	回数	比率
中之島→悪石島	49	52.70%
悪石島→中之島	4	4.30%
中之島→口之島	24	25.80%
中之島→平島	3	3.20%
平島→中之島	2	2.20%
中之島→諏訪之瀬島	5	5.40%
中之島→臥蛇島	4	4.30%
中之島→鹿児島	1	1.10%
不明→中之島	1	1.10%
計	93	

分にできない限界もあります。そこで同時代の文献史料や絵図資料を活用します。図33は、先に示した『元禄国絵図』から南西諸島における航路を抽出して模式化したものです。これら公的航路に加え、島民の船による私的な往来もあったと想像され、近世のトカラ周辺にはさまざまな航海ルートが張り巡らされていたと考えられます。また文献史料には、トカラの島々が、どの港と、どの程度の頻度で船を行き来させていたかなどの記録もあります。表4は一八六四～六六年に中之島と他島との間で往来していた藩の公用船の頻度です。この記録から、悪石島や口之島と船が頻繁に往来していたことがわかります。この公用船の往来にともなって物資も移動したと考えられます。

しかし近世トカラにおいてこのような文献史料は多くありません。そこでそれを補うものとして、明治時代の文献史料を用います。明治二八年（一八九五）に笹森儀助という人物が著した『拾島状況録』という記録があります。この書籍には明治中期のトカラの各島の様相が詳しく記録されており、物資流通についての情報も収録されています。トカラにおいて近代的な汽船が運航するようになったのは、明治時代末以後であり、近世から近代へと政治体制は変わっても、実際の運送形態や航路などは、近世のものを色濃く残していると考えられ、近世の状況を考える上で手がかりとなります。

本章では『拾島状況録』の記述を参考にしながら、これまで書いてきた陶磁器考古学の成果とあわせて、近世トカラの物資流通を考えていきます。

1　笹森儀助と『拾島状況録』

笹森儀助は、弘化二年（一八四五）陸奥国弘前在府町（現青森県弘前市）に士族の子として生まれました。明治前期に青森県の地方行政官を勤めたり、牧場経営会社・農牧社を経営します。明治二五年（一八九二）、千島列島を探検し、その内容を『千島探験』にまとめ、その翌年には沖縄に渡り、沖縄諸島、八重山諸島を探検し、当時の沖縄の様子を詳しく伝える『南嶋探験』を執筆しました。同二七年（一八九四）、その経験が買われ、奄美大島島司（明治一九年から四一年まで奄美大島に島庁という行政機関が置かれ、島司はその長を指す）に就任します。同三一年二八年、当時、島司の管轄下にあった「十島」、現在の三島村と十島村を視察します。同三一年

表5　笹森儀助の視察行程
（『拾島状況録』より）

明治28年	行程
4月27日	6:00奄美大島発
4月28日	10:00鹿児島着
5月3日	10:00鹿児島発、17:00知覧着
5月4日	10:00知覧発、12:00枕崎着
5月11日	10:30枕崎発、16:30竹島着
5月14日	15:00竹島発、16:50硫黄島着
5月20日	10:30硫黄島発、15:00黒島（大里）着
5月22日	07:35大里発、10:10片泊（黒島）着
5月28日	11:40片泊発
5月29日	02:20口之永良部島着
5月31日	09:30口之永良部発、16:35口之島着
6月4日	10:00口之島発、12:00中之島着
6月18日	09:00中之島発、14:30臥蛇島着
6月28日	09:00臥蛇島発、17:00平島着
7月11日	07:30平島発、11:25諏訪之瀬島着
8月5日	10:00諏訪之瀬島発、13:00悪石島着
8月11日	09:00悪石島発、小宝島上陸、20:30宝島着
8月26日	08:35宝島発
8月27日	08:40名瀬港着

（一八九八）奄美島司を辞任した後、明治三一～三四年（一八九九～一九〇一）年には朝鮮半島に渡り、帰国後の翌年には第二代の青森市長に就任、また私立青森商業補習夜学校を設立、初代校長となっています。同三六年（一九〇三）市長を辞任し、大正四年（一九一五）、七〇歳で死去しました。

『拾島状況録』とは、先述した三島・十島の視察報告です。明治二八年四月二七日に奄美を出発し、八月二七日に帰島するまでの四ヶ月間に渡る行程です（表5）。定期船などがなかった当時、漁船を借り上げながらの渡航は困難をきわめたといいます。

『拾島状況録』は「竹島記」「硫黄島記」「黒島記」（以上、現三島村）「口之島記」「中之島記」「臥蛇島記」「平島記」「諏訪之瀬記」「悪石島記」「宝島記」より構成されています。途中、口之永良部島にも立ち寄っていますが、当時、同島は種子島庁の管轄だったせいか含まれていません。

また小宝島に関しては「宝島記」に包括されています。各島の記述の体裁はほぼ統一されていて、代表的な項目を整理すると以下のようなものがあります。

第一編　土地：「地形、山岳、沿岸、港湾」「山林、原野、耕地、道路、用水、地質、温泉、池沼、洞窟」「村落」「潮流」「古跡」「家畜類及自然、獣鳥類、虫類」

第二編　住民：「沿革」「産業」「生活」「財産」「売買及交換」「貸借」「島外（ヨリ）ノ収入」「租税及公費」「風俗」「体格」「疾病」「教育」「智識」「行（交）通」

第三編　村治：「行政組織」「村民協議会」「（村中）規約」

第四編　寺社：「寺院」「神社」「神仏崇信」

第五編　雑件：「犯罪及訴訟」「書信」「吏員渡航」「徴兵」「災害」「菓樹」「難破船」「変死」

このように『拾島状況録』の内容は、自然・社会・文化・歴史など幅広い分野に渡っています。この中から「商業活動」「日用品の購入方法」「陶磁器に関する記述」「その他関係記事」を抽出して整理したものが表6です。これを元にトカラにおける物資流通を考えます。

陶磁器に関する記述	その他関係記事
	⑤「其他材木ヲロ之島、平島、諏訪ノ瀬島、臥蛇島、悪石島ニ、刳舟ヲロ之島ヲ除クノ外ノ四島ニ、又時トシテ材木ヲ沖縄人ニ、藺筵ヲ臥蛇島若シクハ漁船ノ寄港スル者ニ売却スルノ外、売賣スル者ナシ」（p. 194）
⑧「臥蛇島輸出入物品及価額表　明治廿七年」の「輸入」の項目に「茶碗一〇東　一、八〇〇（厘）」とある（p. 209）。	
⑪「宗社ヲ八幡宮ト云フ。(中略)自然石若クハ貝殻ヲ蔵メテ神体ト為シ、陶器少許ヲ納ムレトモ、言フニ足ルヘキモノヲ見ス」（p. 230）	⑫「又昨年（明治27年）何国ノ船トモ知レサル風帆船一艘、帆檣ヲ折リ洋中ニ漂流スルヲ認メ、村中協力シテ之ヲ南風濱ニ引寄セタルニ、支那焼ノ如キ陶器類ヲ搭載シタルノミニシテ、其乗込人員ヲ認メス。搭載物ハ半バ陸ニ揚ゲ、之ヲ格護シタリ。然ルニ其陸上ヲ終ラスシテ、船舶沈没シタリ（其品種数量等ハ其際別ニ届出アルヲ以テ詳記セス）ト。」（p. 232）
⑰「本島、宗社ヲ八幡宮ト云フ。（中略）神体ヲ備エス、古鏡方形壱個、円形四個、同ク柄付六個、貝殻、花瓶、皿、茶碗等ヲ納ム。陶器類中見ルヘキモノナシ」（pp. 272-3）	
⑳「本島ノ宗社ヲ鎮守神社ト云フ。村落ヲ下ニ去ル大凡貳町許ノ山中ニアリ。☒竹ヲ以テ家ヲ造リ、花瓶数百個ヲ納ム。之レ鹿児島渡航ヲ終ヘ皈リタル時寄進セシ処ナリト。共ニ粗品ニシテ見ルヘキモノナシ。其他神体神具ヲ納メス」(p. 293)	㉑「藩代以来毎年一回百貳拾貳石積（拾四反帆、巾壱丈七尺、長不明）ノ船ヲ以テ、六月頃上甑、九、十月頃皈島シ、大島ヘハ牛ヲ積ミ、毎年一回渡航スルノミナリシカ、明治十九年以来全ク大島渡航スルコトトナリ、(中略)之同年ヨリ大島ニ於テ売賣ノ用便ヲ為シ得ベキニ至リタルカ故ナルト、航海ノ容易ナルトニ依レリ」（p. 291）

まずトカラにおける物資の移出入の概要について、『拾島状況録』（以下『状況録』と略称します）の記述を元にまとめておきましょう。同書には明治二七年における各島の移出品・移入品のリストと量・金額が整理されています。その項目は多岐にわたって、そのすべてを羅列するのは煩雑ですので、以下のようにまと

表6　『拾島状況録』における物資流通関係記事抜粋

	商業活動	日用品の購入方法
口之島	①「島中商人ナク又行商人ノ来リタル事ナキヲ以テ売賣ナク、又土人相互中ノ売賣全クナク、又島中各種ノ交換行レス」（pp. 176-7）	②「毎年三月ノ末四月ノ初メニ於テ一度、十月頃一度、海産物或ハ自然生ノ木耳（キクラゲ）ヲ積テ、鹿児島ニ渡航販売シ、島中ノ需要品ヲ仕入ス。海産物多数ノ収穫アリタル時ハ、七月頃一回ノ渡航ヲ増加スルコトアリ」（p. 181）
中之島	③「島中商人ナク、又曾テ行商人ノ来リタルコトナシ」（p. 195）	④「本島ハ口之島ト同ク、内地ニ金主ヲ措ス、故ニ漁獲ノ海産物等ハ毎年一回又は二回鹿児島ニ輸出シ、一ヶ年ノ需要品ヲ買入来ルヲ例トス」（p. 194）
臥蛇島	⑥「廿二三年間内地ヨリ船ヲ仕立テ、穀物若クハ反物等ヲ搭載シ来リタル商人アリシカ、爾后絶エ之ナク、亦島内商業ヲ為スモノナシ」（p. 209）	⑦「一ヵ年ノ需要ハ鹿児島若クハ枕崎ニ渡航ノ時仕入ルルモノナリト云フ」（p. 209） 「毎年春秋二回、島地ノ海産物ヲ島船即チ年貢船ニ積ミ、鹿児島又ハ枕崎ニ渡航ス」（p. 214）
平島	⑨「土地ニ商業ヲ為スモノナシ。又曾テ枕崎ノ商人某反物、茶、小間物等ヲ積ミ行商ニ来リシコトアリシカ、当時之ヲ買入ルル者寡ク、爾后又来ラスト云フ」（p. 224）	⑩「島中相互間金銭ヲ以テ売賣、若クハ交換スルコトナシ。島中ノ需要ハ鹿児島、枕崎若クハ大島ノ土地ノ海産物ヲ搭載渡航シテ、輸出物品ノ価額ニ応シ、相当ノ物品ヲ購求シテ還ル」（p. 224） 「毎年一回漁業ノ都合ニ依リ、陰暦四月或ハ七月、鹿児島、枕崎若クハ大島ニ渡航ス。（中略）又時トシテ漁獲多数ナレハ、春秋二回ノ渡航ヲ為ス事アリ。本年ハ四月ニ枕崎ニ渡航セリト云フ」（p. 228）
諏訪之瀬島	⑬「本島、他島ト異リ島中相互ニ売賣ヲ為ス。（中略）然ルニ明治二十四年ヨリ、ロノ永良部島ノ商人袈裟助ナル者、毎年一回又ハ二回茶、油、米、大豆、反物、煙草、摺付木、□若クハ糸類、味噌、醤油、塩等ノ類ヲ、其自船鰹船ニ搭載シ来リ、砂糖ト交換シ若クハ現金ヲ以テ売却シ、砂糖ヲ買入レ皈航ス」（p. 254）	⑭「島中ノ需要ハ毎年一回或ハ二回収穫ノ砂糖ヲ、大島ニ輸出シ、其代価ヲ以テ購求スルヲ例トス」（p. 254）
悪石島	⑮「其他土地ニ商人ナク、必要ヲ生シタルトキ相互ニ之ヲ融通スル事、他島ニ於ルカ如シ。」 「又廿年七月、口之永良部島寄留給黎ノ商人、鈴木四郎助船ヲ仕立テテ米、茶、烟草及布其他日用諸品ヲ搭載シテ行商シ、廿六年一回、廿八年亦一回、同上ノ諸品ヲ携帯シテ来ル。廿五年口之永良部島寄留加世田ノ商人清水袈裟五郎一回、廿四年谿山ノ商人児玉仙次郎同ク一回、同上ノ諸品ヲ携帯シテ来リ、鰹節ト交換シ又ハ売賣セリ」（p. 267）	⑯「毎年鹿児島ニ渡航シ、土地ノ物産ヲ販売シ、一ヵ年ノ需要物品ヲ購求スルノ例ナリシガ、近来毎年六月末ヨリ八月初頃一回大島ニ渡航シ、其売賣ヲナセリ」（p. 267）
宝島	⑱「島人互ニ売賣ヲスルコトアルノ外、全ク売賣ナルモノナシ。商人ハ明治十六年、内地商人船ヲ仕立テ反布、茶、其他ノ雑品ヲ搭載シ行商ニ来リタルコトアリシカ、左程商売モナカリシ。爾后来ラス。島中ニ於テハ素ヨリ常住ノ商人ナキナリ。然ルニ大島ヨリ時ニ甘藷若クハ牛ヲ買入イ来ル事アリ。亦本島ノモノニシテ、大島沖縄間ヲ商売セシモノ一人アリシカ、今之ヲ中止シタリト。小宝島ハ魚類、枇榔蓑等ヲ搭載シ、大島ニ渡航シ之ヲ売却シ、其用品ヲ仕入ル事、本宝島ニ同シ。然シテ島中売賣等ナキ事勿論ナリ」（pp. 285-6）	⑲「藩代毎年一回郡司上甕セシカ故ニ、鹿児島ニ渡航シ、売賣ヲ為シ、爾后亦然リシカ、明治十九年ヨリ鹿児島渡航ヲ罷メ、一ヶ年三四回或ハ四回大島ニ航シ、砂糖、牛、屋久貝殻等ヲ搭載シ、之ヲ大島山下店若クハ松枝分店等ニ売却シ、島中入用ノ物品ヲ仕入レ帰ルヲ例トス」（p. 285）

めます（表7）。

移出品：海産加工物（鰹節・鮪節・塩辛・魚肥・屋久貝（夜光貝）など）、農産加工物（枇榔樹葉・藺筵・七島筵・蓑など）、砂糖、牛

移入品：食料品（玄米・大豆・大麦・塩など）、布類（反物・麻苧・木綿など）、嗜好品（茶・煙草・焼酎）、油（菜種・石油・丁子油など）、金属製品（鎌・斧・鍋・針金など）、生活用品（百田紙（和紙

の一種）・仙香（線香）・蝋燭など）、「雑品」

まず移出品の金額について見ると、トカラ全体では砂糖が半分以上を占めますが、砂糖を出荷するのは諏訪之瀬島と宝島が大部分です。砂糖を除くと、鰹節などの海産加工物が全体の約九割を占めています。先述したように、近世において「七島鰹節」は特産品の一つでした。

移入品の金額を見ると、約半分が玄米や大豆などの食料品です。次いで反物などの布類、茶・煙草・焼酎といった嗜好品、そのほか油類（石油は近代以後と思われます）、金属製品、生活用品と続きます。生活用品の中には、臥蛇島で「茶碗一〇束」を購入したという記録があります。

以上のように、明治二七年のトカラでは、宝島と諏訪之瀬島では砂糖を、他の島では鰹節などの海産物の加工品を出荷し、食料やさまざま生活に必要な物資を入手していたと言

（『拾島状況録』より，単位：円）

砂糖	牛	合計
		247.05
		148.68
420.75		420.75
		890.7
		200.176
10.56		133.26
1673.88	63	1758.88
		75.84
2105.19	63	3962.736
53.1%	1.6%	
	3.4%	1857.55

嗜好品	油	金属製品	生活用品	雑品	合計
28.92				16.8	422.88
17.25	17.25		9.61	22.4	279.9
61.92	19.44	38.1	8.64	36	906.44
8	8	22	3.7	20	203.74
35.24	24.36	26.7	0.4	15	582.088
12.88	3.92		0.6		148.28
190.8	124.08	75.9	9.3	59	2751.888
		2.5		8	66
355.01	197.05	165.2	32.25	177.2	2743.978
12.9%	7.2%	6.0%	1.2%	6.5%	

うことができます。このような様相は、近世における それをある程度引き継いでいると想像されます。ただ諏訪之瀬島だけは明治一六年の入植以後のものなので、近世も同じだったとは限りません。

3　陶磁器入手のルート・方法

トカラの人々はどのように陶磁器を入手したのでしょうか？『状況録』によれば、諏訪之瀬島をのぞいて「商估（商店）」がなく、「行商人」も来ることはないとされています（表6①③⑥⑨⑮⑱、以下○番号はすべて表6より）。島によっては個別的に行商人の来訪が記述されていますが（⑥⑮⑱）、このことは逆に行商人の来島が珍しかったことを示しているのでしょう。つまりトカラの人々は日常的に陶磁器を含めた日用品を購入する機会がほとんどなかったと言えます。一方、各島の生産物（海産物や砂糖、屋久貝（ヤコウガイ）など）の出荷先の土地で日用品を購入したと書かれています（②④⑦⑩⑭⑲）。

表7　明治27年トカラにおける物資の移出入

移出品	海産加工物	農産加工物
口之島	235.55	2.5
中之島	189.9	59.78
諏訪之瀬島		
臥蛇島	886.2	4.5
平島	153.176	39
悪石島	124.1	3
宝島	18	4
小宝島	43.84	32
合計	1649.766	144.78
比率	41.6%	3.6%
比率（砂糖を除く）	88.8%	7.8%

移入品	食料	布類
口之島	125.18	45.94
中之島	27.9	53.24
臥蛇島	264.5	38.84
平島	9.6	40.12
諏訪之瀬島	138.944	56
悪石島	28.24	27
宝島	766.524	169.94
小宝島	12.8	12.5
合計	1373.688	443.58
比率	50.0%	16.2%

その出荷先の大部分は鹿児島ですが（②④⑦⑩）、平島・諏訪之瀬島・悪石島・宝島では奄美大島へも出荷していました（⑩⑭⑯⑲）。あるいは近世において年に一回鹿児島に渡航した折りに購入したり（⑲㉑）、寄港した漁船と商取引したといいます（⑤）。

つまり、現在の私たちがイメージするような「商店で買う」のではなく、さまざまな社会的活動の一部に組み入れられる形で、物資が購入されており、おそらくその中に陶磁器なども含まれていたと言えましょう。先述したように、明治二七年に臥蛇島では「茶碗一〇束」を一・八円で購入しています。また諏訪之瀬島の切石遺跡から出土した近世陶磁器が同種同形のものを多く含む点（図22）について、入手できる少ない機会にまとめて入手した結果ではないかと推測されています。

では鹿児島や奄美大島、さらには沖縄をつなぐ船便としてどのようなものがあったのでしょうか。前にも書きましたように、近世におけるそれの一つとして藩の役人による公用船があります。また『状況録』にあるように（⑲㉑）、年に一回の年貢上納のための鹿児島への渡航もまた、重要な機会であったでしょう。このような公用船の渡航にともない、お土産や注文品として、さまざまな物資流通が付随したことは、トカラではありませんが、江戸時代の与論島の役人の日記などにも見られます。

また近世トカラの船頭や水主は薩摩と琉球間の物資輸送に深く関わっていました。一七一一年（正徳元年、康熙五〇年）、中之島の栄右衛門船が那覇を出港後、途中、逆風に遭ったため、荷を捨てて那覇に戻ったといいます。また元文五年（一七四〇）に鹿児島を発したのち、遭難して清国・舟山列島に漂着し、寛保二年（一七四二）に長崎に送還された薩摩船に関する記録「薩州船清国漂流談」が残っています。同書によれば、途中で病死した「最初の船頭」である伝兵衛は「薩州諏訪之瀬島」の者であり、また水主として「薩摩国河辺郡七島の内諏訪之瀬島」の仲兵衛・与左衛門・彦次郎・覚内・吉兵衛の五人が乗船していました。これら薩琉間を結ぶトカラの船頭たちは積極的に商行為にも関わっていたとされています。今のところ陶磁器を輸送したという記述は管見に触れていませんが、トカラ列島に見られる本土産や沖縄産の近世陶磁器、さらに清朝磁器は、このような薩琉間の輸送船の往来、その船頭や水主をつとめたトカラの人々の手によって運ばれてきたと想定することができるでしょう。

表8　トカラ各島における採集資料数（2015年3月段階）

島　名	採集地点数	採集資料数
口之島	20	111
中之島	10	57
平島※	－	34
諏訪之瀬島	2	10
悪石島	8	25
宝島	18	75
小宝島	4	6

※集落部のみ。採集地点未記録

ただしこのような物資流通の量や内容は、トカラ各島で同じだったわけではありません。表8は、私が実施したトカラ各島の踏査に

表９　明治28年におけるトカラ各島の船舶保有数
（『拾島状況録』より）

島　名	鰹船	伝馬船	刳舟	計（艘）	帆数合計（反）
口之島	5	2	13	20	48
中之島	4	1	3	8	32.5
臥蛇島	4	4	2	10	32
平島	2	2	0	4	18カ
諏訪之瀬島	2	0	0	2	12カ
悪石島	6	1	0	7	28
宝島	2	13	0	15	69
小宝島	1	1	0	2	8

おいて採集した陶磁器片の数を整理したものです。もっとも多いのが口之島、次いで宝島、もっとも少ないのが小宝島です。諏訪之瀬島が少ないのは御岳の火山灰で近世の地表面が深く埋まっているためです。本章の最初に述べたように、この数がそのまま各島で使用されていた陶磁器の数を表すわけではありませんが、それでも各島における数の違いは、陶磁器流通量に島ごとに違いがあったことを反映していると思います。

　ではなぜこのような各島における違いが現れるのでしょうか？前述したように、トカラの島々における生活物資の入手は、鹿児島や奄美・沖縄への島民の渡航に付随して行われていました。つまり各島における流通量の差異は、そのような渡航の頻度や船舶の規模と貨物搭載量などの違いと結びついている可能性が考えられます。またその運送の前提として生活物資に対する島々での需要の違いも想定できます。

　まず渡航頻度、船舶規模などの違いですが、それらの明確な数値は不明です。そこで代替として『状況録』に記録されている各島が所有している船舶の数を比較してみましょう（表9）。トカラにおける船舶には、航海用の「鰹船」、漁撈用の「伝馬船」、近海での漁撈や移動に使う「刳船」がありました。それぞれに大きさや目的が異なりますので、それらの所有数を単純に比べることはできません。そこで各船の帆の数（反《たん》数）を比較してみます。もっとも反数が多いのが宝島で、次いで口之島です。もちろん所有船舶数（反数）が、実際に島々の間を往来した船舶の数と同一というわけでありませんが、ある程度、渡航頻度を反映していると考えられます。

　生活の需要の違いは、その購入者＝人口の違いがもっとも大きいでしょう。図34は、

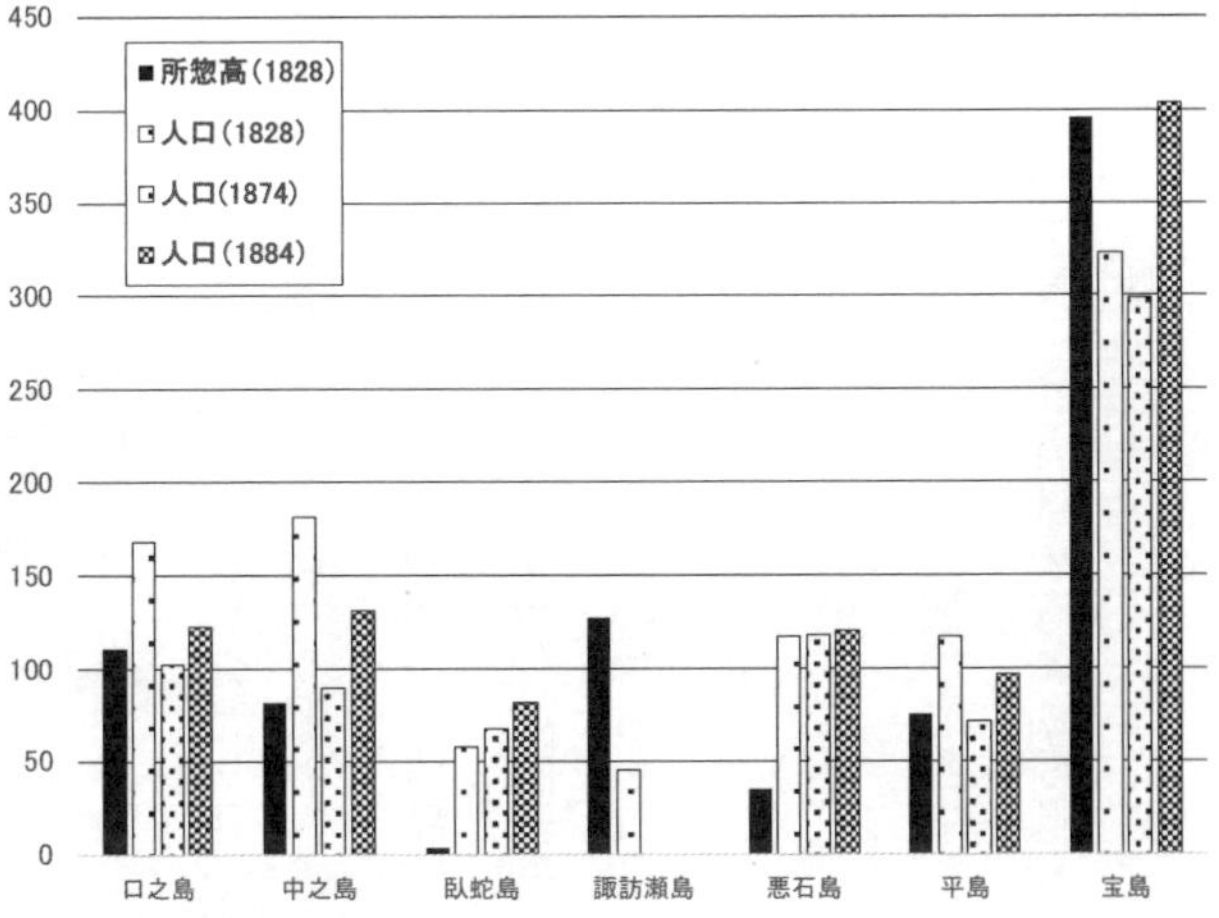

図34　トカラ各島の石高と人口（『十島村誌』のデータより作成）

一八二八年の各島の石高（所惣高）と一八二八・七四・八四年の人口をグラフ化したものです。宝島の項目には小宝島も含みます。宝島・小宝島の人口が最も多く、口之島・中之島がそれに次ぎます。つまり宝島・小宝島の生活物資に対する潜在的需要が最も高かったと推測されます。

また需要は島の社会構成とも結びつくと考えられます。近世において、口之島・中之島・宝島には藩の役人が派遣され、島には島役人と一般の島民がいました。このような身分差が需要の違いを産み出した可能性が考えられ、また藩の役人のいた島は、鹿児島との連絡も他島に比べ頻度が高かったと想像されます。口之島において清朝色絵磁器碗が、宝島で京焼色絵陶器碗が採集されているのも、口之島や宝島に在番所が置かれていたことと関係しているのかもしれません。

以上のように、各島の所有船舶数から考えられる渡航頻度や規模、また石高や人口が示している潜在的な物資の需要は、トカラの中でも宝島と口之島が大きいことが予想されます。採集された陶磁器の数が両島で多いこと、あるいは逆に小宝島における採集陶磁器数が最も少ないことは、このような島ごとの違いを反映している可能性が考えられます。また藩の在番所が置かれたかどうかなどの島の社会的位置の違いもまた、採集資料の違いに現れていると思われます。ただし以上のことはまだ仮説であり、今後、陶磁器考古学的な資料をより蓄積していくことで、その当否を検証していく必要があります。

4　陶磁器入手の目的

トカラの人々は、どのような目的で陶磁器を入手したのでしょうか？　言うまでもなく、もっとも大きな理由は日用生活品としての入手でしょう。たとえば碗や皿、土瓶などは日常的な食器として使われます。また今ではあまり目にする機会がなくなった甕や壺は、水や穀物などさまざまなものを貯蔵する容器として必要不可欠でした。味噌や芋などをすりつぶす擂鉢も調理具として日々使用していました。ただしそれとともに、トカラでは神社や祠への奉納を目的とした陶磁器入手があったようです。

『状況録』には、臥蛇島の八幡宮（⑪）、悪石島の八幡宮（⑰）、宝島の鎮守神社（⑳）など、神社や祠に陶磁器が納められていたことが記述されています。その中でも宝島の鎮守神社の記述が注目されます。「花瓶数百個ヲ納ム。之レ鹿児島渡航ヲ終ヘ皈リタル時寄進セシ処ナリト。共ニ粗品ニシテ見ルヘキモノナシ」（⑳）、つまり鹿児島への渡航から無事に帰島できたことを感謝して、神社に花瓶（仏花器の類か）を奉納する習慣があり、それが繰り返されるうちに「数百個」に達したのだというのです。奉納品は、それまで使用していた日用品を転用したとは考えにくいことから、鹿児島において新たに入手したものと想像されます。また「粗品」とあることから、容易に入手しうる量産品であったのでしょう。陶磁器が奉納品としてトカラに持ち込まれていたことを示しています。

ここで思い出されるのが諏訪之瀬島・切石遺跡出土の近世陶磁器と、中之島の歴史民俗資料館に所蔵されている臥蛇島伝来の陶磁器です。この二つの陶磁器には、器種が碗や皿などに偏っていること（甕や壺などがないこと）、同形同大で同じ文様を有するものが複数見られること、破損していないものが多いこと、摩耗など使用した痕跡が見られず未使用品であった可能性が高いことなどの共通点があることは、すでに述べました。また臥蛇島伝来資料は、同島の八幡神社関係の文化財とされています。これら切石遺跡出土陶磁器や臥蛇島伝来資料は、『状況録』の宝島・鎮守神社への奉納の記述と重ね合わせると、日用品としてではなく、あらかじめ奉納品として島内に搬入された可能性も想定できます。

海流の激しい七島灘を超えることは、いくらその海に慣れたトカラの人々にとっても、きわめて危険なことです。そしてその海を越えて故郷に戻ることができたとき、人々は渡航先で手に入れた陶磁器を、感謝を込めて神に捧げたのではないでしょうか。

5　漂着船からの物資入手

以上のように、トカラの人々はさまざまな機会を通じて、またさまざまな目的で、本土から、あるいは沖縄・奄美から陶磁器を含む物資を入手していたと考えられます。それらは人々が意図的に入手したものですが、それとともに偶然、入手できた陶磁器もありました。それは漂着船からの入手です。『状況録』の「平島記」には、明治二七年（一八九四）に平島に清国（現在の中国）からの無人の漂着船が流れ着いたことが記されています（表6⑫）。この漂着船については、新里貴之氏が詳しい調査と検討をされているので、それに基づいてまとめましょう。

この漂着船については明治政府の公式文書にも記録があります。船は二本柱を持つ、全長約二五ｍの西洋形帆船で、その搭載物には、乗組員の中国服や寝具類、物入れ（カバンなど）と思われるものや、食料の米、ゲーベル銃、傘、提灯、また海図や『三国志』などの書籍なども含まれていました。そして船の中に大量の陶磁器も搭載されていました。ただ外国向けに輸出品を積んだ船にしては搭載物が貧

図35　平島伝来の中国産青花磁器（新里貴之氏提供）

と考えられます。

弱であることから、清国国内での操業していた船が、何らかの原因で漂流し、平島に流れ着いた

搭載物は平島から奄美大島に転送されましたが、陶磁器はその量が多かったせいでしょうか、大部分が平島に残されます。その残された数は「陶器茶碗類一九三〇束」「同封手篭入三三八個」となっています。具体的にどれくらいの数の「陶器茶碗類」が積んであったかは、正確にはわかりませんが、中国で「束」が碗五個あるいは一〇個を指す単位とされることから、少なくとも一万個近い「陶器茶碗類」が平島に残されたと推測されています。

それではこれらの「陶器茶碗類」とはどのようなものでしょうか？　新里氏は、平島のあるお宅に、そのときにもたらされたと伝えられる磁器碗（図35）から、その一つが粗放な双喜文と唐草文を描く青花磁器碗であると推定しています。この青花碗は平島で多数採集されていますが、トカラの他の島でも見ることができます。つまり明治二七年の漂着船に搭載されていた磁器は、平島で使用されるとともに、トカラの各島へと流通していたことがわかります。

かつて亀井明徳氏は、トカラにおいて中世の中国陶磁器が多く見られることについて、「寄船《よりふね》」、つまり漂着船によってもたらされた可能性を指摘しました。ただこれはあくまで仮説であり、証明されたわけではありません。また近世トカラにおいても中国や朝鮮からの漂着船が記録に残っ

ていますが、その際に物資の遣り取りがあったかどうはわかりません。しかしこの平島の事例から、他の時代においても、漂着船による陶磁器を含む物資の偶発的な入手があった可能性が改めて考えられます。

ところでこの青花磁器碗と同じ文様、形態のものは、東南アジアのマレーシアやインドネシア、フィリピン、西アジアのペルシャ湾沿岸地域の遺跡などでも見られ、さらに近年では南米のペルーでも確認されています。つまりこの青花磁器は、中国国内だけではなく、一九世紀のグローバルな流通ネットワークで運ばれていたものと考えられます。その青花磁器が漂着船という偶発的な形でトカラにもたらされたことは歴史の不思議さを感じさせます。

Ⅵ　おわりに

鹿児島から奄美、沖縄、台湾、南中国、東南アジアへとつながる海域は、飛行機が発明される前、さまざまな人や物資、情報や文化を伝える「海の道」でした。古くは弥生時代に奄美、沖縄で採れる南海産の貝が装身具として本土の人々に好まれ、中世になると硫黄などを求めて中国商人が行き交うようになります。一五世紀、琉球王国は中国・東南アジアと日本を結ぶ中継貿易で栄え、一六世紀になるとポルトガル、オランダなどのヨーロッパ商船が北上してきます。近世の薩摩藩は琉球を介して中国と密接に貿易をしていました。また一九世紀、日本を開国に導いたアメリカのペリー艦隊も、浦賀に来航する前に琉球に投錨しています。トカラ列島はその「海の道」の重要な中継地点であり、トカラの人々はその交流を担う重要なプレイヤーとして活躍しました。

フェリーに乗ってトカラの島々を渡っていくと、出港した島の影が水平線の向こうに沈む頃、次の島が視界に入ってきます。つまり海上において二つの島を同時に視認できる距離に、トカラの島々は位置します。正確な海図も羅針盤もなかった時代の海上交通において、星の位置などが方位の目安になったと言われていますが、それでも島影が見えることは大きな利点となります。近代以前の「海の道」にとって、トカラ列島はなくてはならない存在だったと言えます。

本書の内容は、そんな長い間に形成されたグローバルなネットワークの中の、ほんの一時期を切り取ったに過ぎません。しかし今後、トカラ列島の歴史を明らかにしていくことで、島と海に生きた人々の姿を蘇らせることができると考えています。本書をお読みいただいた方々が、少しでもトカラへの関心を持っていただければ、たいへんうれしく思います。

Ⅶ　主な参考文献

【雑誌】
大橋康二・山田康弘「鹿児島県鹿児島郡十島村諏訪之瀬遺跡出土の陶磁器」『貿易陶磁研究』一五、一四一～一六四頁、一九九五年
亀井明徳「南西諸島における貿易陶磁器の流通経路」『上智アジア学』一一、一一～四五頁、一九九三年
(PDF版：http://digital-archives.sophia.ac.jp/repository/view/repository/00000004465)
新里貴之「ピーピーどんぶり考」『鹿児島考古』四六、七七～九二頁、二〇一六年
橋口亘「鹿児島県地域における16～19世紀の陶磁器の出土様相―鹿児島県地域の近世陶磁器流通―」『鹿児島地域史研究』一、三～一四頁、二〇〇二年
【著書】
安渓遊地「隣り合う島々の交流の記憶―琉球弧の物々交換経済を中心に―」湯本貴和編『島と海と森の環境史』二八三～三一〇頁、文一総合出版、二〇一一年

熊本大学考古学研究室編『トカラ列島の考古学的調査』十島村教育委員会、一九九四年

斎藤毅他編著『トカラ列島—その自然と文化—』古今書院、一九八〇年

笹森儀助「拾島状況録」『日本庶民生活史料集成』第一巻、一一七～二九九頁、三一書房、一九六八年

下野敏見『南日本の民俗文化誌三　トカラ列島』南方新社、二〇〇九年

高良倉吉編『琉球と日本本土の遷移地域としてのトカラ列島の歴史的位置づけをめぐる総合的研究』琉球大学法文学部、二〇〇四年（PDF版：http://hdl.handle.net/20.500.12000/9008）

十島村誌編集委員会編『十島村誌』十島村、一九九五年

長嶋俊介他『日本一長い村トカラ—輝ける海道の島々—』梓書院、二〇〇九年

中野俊他『20万分の1地質図幅「中之島及び宝島」』産業技術総合研究所地質調査総合センター、二〇〇八年（PDF版：https://www.gsj.jp/data/200KGM/PDF/GSJ_MAP_G200_NH5216_2008_D.pdf）

橋口亘「近世薩摩における中国陶磁の流入—清朝磁器を中心に—」東アジア地域間交流研究会編『からふね往来—日本を育てたひと・ふね・まち・こころ』五三～六六頁、中国書店、二〇〇九年

東喜望『笹森儀助の軌跡―辺界からの告発―』法政大学出版局、二〇〇二年
宮城弘樹他編『水中文化遺産データベース作成と水中考古学の推進―水中文化遺産総合調査報告書・南西諸島編―』アジア水中考古学研究所他、二〇一三年（PDF版：http://www.ariua.org/wp-content/uploads/nanseishoto.pdf）
渡辺芳郎編『近世日本国家領域境界域における物資流通の比較考古学的研究』鹿児島大学法文学部、二〇一五年（PDF版：http://hdl.handle.net/10232/23018）
渡辺芳郎「シマの陶磁器―近世トカラ列島における陶磁器流通を中心に―」佐々木達夫編『中近世陶磁器の考古学』二巻　一三～三二頁、雄山閣、二〇一六年

［補記］

本書の内容は以下の研究助成による成果の一部に基づいています。
日本学術振興会科学研究費補助金「近世日本国家領域境界域における物資流通の比較考古学的研究」（基盤（C））平成二四～二六年度（研究代表：渡辺芳郎）
日本学術振興会科学研究費補助金「近世国家境界域「四つの口」における物資流通の比較考古学的研究」（基盤（B））平成二八～三二年度（研究代表：渡辺芳郎）

平成二七年度鹿児島大学学長裁量経費重点領域研究「三島とトカラ列島及びその周辺海域総合学術調査」
文部科学省特別経費プロジェクト「薩南諸島の生物多様性とその保全に関する教育研究拠点形成」
平成二七〜三一年度

刊行の辞

鹿児島大学は、本土最南端に位置する総合大学として、伝統的に南方地域の研究に熱心に取り組み、多くの研究に成果あげてきました。そのような伝統を基に、国際島嶼教育研究センターは鹿児島大学憲章に基づき、「鹿児島県島嶼域～アジア・太平洋島嶼域」における鹿児島大学の教育および研究戦略のコアとしての役割を果たす施設として、将来的には、国内外の教育・研究者が集結可能で情報発信力のある全国共同利用・共同研究施設としての発展を目指しています。

国際島嶼教育研究センターの歴史の始まりは、昭和五六年から七年間存続した南方海域研究センターで、その後昭和六三年から十年間存続した南太平洋海域研究センター、そして平成一〇年から十二年間存続した多島圏研究センターです平成二二年四月に多島圏研究センターから改組され、現在、国際島嶼教育研究センターとして鹿児島県島嶼からアジア太平洋島嶼部を対象に教育研究を行なっている組織です。

鹿児島県島嶼を含むアジア太平洋島嶼部では、現在、環境問題、環境保全、領土問題、持続的発展など多岐にわたる課題や問題が多く存在します。国際島嶼教育研究センターは、このような問題にたいして、文理融合的かつ分野横断的なアプローチで教育・研究を推進してきました。現在までの多くの成果を学問分野での発展のために貢献してきましたが、今後は高校生、大学生などの将来の人材への育成や一般の方への知の還元をめざしていきたいと考えています。この目的への第一歩が鹿児島大学島嶼研ブックレットの出版です。本ブックレットが多くの方の手元に届き、島嶼の発展の一翼を担えれば幸いです。

二〇二〇年一月

国際島嶼教育研究センター長

河合　渓

渡辺　芳郎（わたなべ　よしろう）

［著者略歴］

1961年生まれ。
1984年　金沢大学文学部史学科卒業
1988年　九州大学大学院人文科学研究科博士後期課程（考古学専攻）中退
1988年　九州大学文学部助手
1992年　佐賀県立九州陶磁文化館学芸員
1993年　鹿児島大学法文学部人文学科助教授
2004年　同教授
専門：考古学

［主要著書］

『日本のやきもの　薩摩』淡交社　2003年
『薩摩川内市平佐焼窯跡群の考古学的研究』
　鹿児島大学法文学部人文学科異文化交流論研究室　2007年
『鹿児島神宮所蔵陶瓷器の研究』鹿児島神宮所蔵陶瓷器調査団　2013年（共著）

鹿児島大学島嶼研ブックレット　No.8

近世トカラの物資流通
―陶磁器考古学からのアプローチ―

2018年3月31日　第1版第1刷発行
2020年1月31日　　〃　第2刷発行
著　者　渡辺　芳郎
発行者　鹿児島大学国際島嶼教育研究センター
発行所　北斗書房
〒132-0024　東京都江戸川区一之江8の3の2（MMビル）
電話 03-3674-5241　FAX03-3674-5244
URL　Http//www.gyokyo.co.jp
定価は表紙に表示してあります